美容护肤养颜中草药妙用

◎ 主编 韦桂宁

军事医学出版社
·北京·

图书在版编目（CIP）数据

美容护肤养颜中草药妙用 / 韦桂宁主编. -- 北京：军事医学出版社, 2016.1

ISBN 978-7-5163-0755-7

Ⅰ.①美… Ⅱ.①韦… Ⅲ.①中草药—美容 Ⅳ.①TS974.1

中国版本图书馆CIP数据核字(2016)第002648号

美容护肤养颜中草药妙用

| 策划编辑 | 孙　宇 | | 责任编辑 | 孟丹丹 |

出　　版：军事医学出版社
社　　址：北京市海淀区太平路27号
邮　　编：100850
联系电话：发行部：（010）66931051,66931049
　　　　　编辑部：（010）66931127,66931039,66931038
传　　真：（010）63801284
网　　址：http://www.mmsp.cn
印　　刷：北京彩虹伟业印刷有限公司
发　　行：新华书店

开　　本：710mm×1000mm　1/16
印　　张：15
字　　数：246千字
版　　次：2016年1月第1版
印　　次：2016年1月第1次印刷
定　　价：59.00元

本社图书凡缺、损、倒、脱页者，本社发行部负责调换

前 言

在世界上经久流传的中医药文化,即便是其某些疗效可以被西药所代替,但其经历史沉淀所生成的文化内涵,却永远无法被超越。中药,总能让人感觉到惊喜和惊奇,仅仅只是一些枯萎的根茎和枝叶,不仅能治病,而且还能养颜。用中草药美容养颜自古就有,一直流传至今,而且经久不衰。

最早由文字记载的宫廷美容秘方,是南陈后主的爱妃张丽华的"半年红",在当时真可谓是风靡一时。在那遥远的时代,中草药美容的验方属于秘方,令爱美女性趋之若鹜却又很难得到,因为很多配方是宫廷专用的,不公布于众。而今《美容护肤养颜中草药妙用》这本书,包括了许多经典选方,可以使您轻松获得。

本书共收录中草药89种,分为补气养血、美白祛斑、祛除痤疮、调经止痛、护肤止痒、美发乌发、减肥降脂、香体除味、补肾强身、聪耳明目、洁齿固齿、养肝利胆、润肠通便、助眠安神等十四部分。结构清晰,不过分追求理论深度,重在基本知识的介绍以及中草药在日常生活中的应用,荟萃了各家论述、原植物、主治禁忌、精选验方等基本内容,并在此基础上,衍生出与之相关的养生药膳的原料、制作方法及适用病症,广大读者可根据自身的实际情况结合专业医生的建议,巧妙灵活地运用。

阅读此书,您不仅能够了解与美容养颜相关的各种配方,而且可以追根溯源,了解各味草药的原植物形态特征。这不仅是一本"药"书,而且还可以说是一本

"食谱"，根据药食同源的原则，除了描述中药熬汤取汁、捣碎涂抹的传统用法，还包含有熬粥煮汤、制酒泡茶的现代操作方法，内容十分丰富。

中药美容秉承的是"平衡、自然"的理论精髓，是从内而外的滋养，气血的相辅相成，直接关系着皮肤的千娇百媚。我们推出的这本《美容护肤养颜中草药妙用》，从美容养颜的角度，针对身体的各个部位，详细介绍了人体各部位所适用的草药类别，从而开出不同的选方，针对性强，条理清晰。

中医药美容的特点是回归自然，取材天然，与现在流行的化学方法制造的美容产品相比具有副作用小、温和安全的特点，中药美容已经在大多数女性的日常生活中被普遍应用。但需要注意的是，本书所记录的精选验方及养生药膳，需要在具体的实际运用中，根据自身的情况和病情，咨询专业医师之后再进行使用。

编者

目录 Content

第一章 补气养血中草药妙用/1

人参	2	桑椹	15
大枣	5	熟地黄	17
肉桂	7	五味子	19
当归	10	郁金	21
黄精	12	茉莉	23

第二章 美白祛斑润肤中草药妙用/25

白附子	26	辛夷	42
茯苓	28	藁本	44
薏苡仁	30	玉竹	46
白及	32	麦冬	48
白术	34	续断	49
薯蓣	36	淫羊藿	51
白蔹	38	锁阳	53
半夏	40		

第三章 祛除痤疮中草药妙用/55

枇杷……………………………… 56	白扁豆……………………………… 68
黄连……………………………… 58	甘草………………………………… 70
黄皮树…………………………… 60	刺五加……………………………… 71
玄参……………………………… 61	太子参……………………………… 73
黄芪……………………………… 63	西洋参……………………………… 75
党参……………………………… 64	龙眼肉……………………………… 77
银耳……………………………… 66	

第四章 调经止痛中草药妙用/79

玫瑰花…………………………… 80	艾叶………………………………… 92
川芎……………………………… 82	鸡血藤……………………………… 94
益母草…………………………… 84	乳香………………………………… 96
丹参……………………………… 86	没药………………………………… 98
红花……………………………… 88	泽兰………………………………… 99
姜黄……………………………… 90	

第五章 护肤止痒中草药妙用/101

防风……………………………… 102	茵陈………………………………… 115
蝉蜕……………………………… 104	马齿苋……………………………… 117
葛根……………………………… 105	苦参………………………………… 119
金银花…………………………… 107	三七………………………………… 121
连翘……………………………… 109	巴豆………………………………… 123
地肤子…………………………… 111	甘遂………………………………… 125
广藿香…………………………… 113	

第六章　美发乌发中草药妙用/127

羌活……………………… 128
侧柏叶……………………… 130
胡桃仁……………………… 132
何首乌……………………… 134
诃子……………………… 135
石榴皮……………………… 137

第七章　减肥降脂中草药妙用/139

荷叶……………………… 140
赤小豆……………………… 142
茶叶……………………… 143
木瓜……………………… 145
蒲公英……………………… 147

第八章　香体除味中草药妙用/149

香附……………………… 150
檀香……………………… 152
白芷……………………… 153
赤芍……………………… 155
天门冬……………………… 157

第九章　补肾强身中草药妙用/159

补骨脂……………………… 160
菟丝子……………………… 162
肉苁蓉……………………… 164
巴戟天……………………… 166
杜仲……………………… 168
冬虫夏草……………………… 170
枸杞子……………………… 171
覆盆子……………………… 173
女贞子……………………… 175

第十章　聪耳明目中草药妙用/177

菊花……………………… 178
夏枯草……………………… 180
苍术……………………… 183
石斛……………………… 185

第十一章 洁齿固齿中草药妙用/187

生地黄 ······ 188	花椒 ······ 192
山柰 ······ 190	细辛 ······ 193

第十二章 养肝利胆中草药妙用/197

柴胡 ······ 198	芍药 ······ 207
牛膝 ······ 199	黑芝麻 ······ 209
墨旱莲 ······ 201	木香 ······ 211
薄荷 ······ 203	沉香 ······ 213
山茱萸 ······ 205	

第十三章 润肠通便中草药妙用/215

大黄 ······ 216	瓜蒌 ······ 221
桃仁 ······ 218	芦荟 ······ 223
苦杏仁 ······ 219	

第十四章 安神助眠中草药妙用/225

酸枣仁 ······ 226	莲子 ······ 229
灵芝 ······ 228	百合 ······ 231

第一章 补气养血中草药妙用

§ 人参

别　　名：
棒槌、山参、园参。

性　　味：
味甘、微温，无毒。

用量用法：
3～9克，另煎兑入汤剂服；也可研粉吞服，每次2克，每日2次。

主　　治：
虚羸消瘦，面容憔悴，须发早白，头发脱落，毛发干枯，大失血、虚脱，口渴多汗，气短烦躁，虚疟发热，惊悸健忘，消渴引饮。

使用宜忌：
实证、热证忌服。不能与藜芦、五灵脂同用。

《本草纲目》：聪耳明目，固精滋目。《神农本草经》：主补五脏。明目，开心，益智。久服轻身延年。

◆ 原植物：

生长于山坡密林中，分布于我国东北诸省。

五加科植物人参。

① 多年生宿根草本，高30～60厘米。

② 主根肥厚，肉质，黄白色，圆柱形或纺锤形，下面稍有分枝。根状茎（芦头）短，直立。茎直立，圆柱形，不分枝。

③ 一年生植株茎顶只有一叶，叶具3小叶，俗名"三花"；二年生茎仍只一叶，但具5小叶，叫"巴掌"；三年生者具有两个对生的5小叶的复叶，叫"二甲子"；四年生者增至3个轮生复叶，叫"灯台子"；五年生者增至4个轮生复叶，叫"四匹叶"；六年生者茎顶有5个轮生复叶，叫"五匹叶"；复叶掌状，小叶3～5片，中间3片近等大，有小叶柄；小叶片椭圆形或微呈倒卵形，长4～15厘米，宽2～6.5厘米，

先端渐尖，基部楔形，边缘有细锯齿，上面脉上散生少数刚毛，下面无毛，最下1对小叶甚小，无小叶柄。

④ 伞形花序单一顶生叶丛中，总花梗长达30厘米，每花序有4～40余花，小花梗长约5毫米。苞片小，条状披针形；萼钟形，与子房愈合，裂片5，绿色；花瓣5，卵形，全缘，淡黄绿色；雄蕊5，花丝短；雌蕊1，子房下位，2室，花柱2，上部分离，下部合生。

⑤ 浆果扁圆形，成熟时鲜红色，内有两粒半圆形种子。

⑥ 花期6～7月，果期7～9月。

主要产地：辽宁和吉林有大量栽培，近年河北、山西、陕西、甘肃、宁夏、湖北等省区也有种植。

入药部位：根。

采收加工：一般应采生长5年以上的。秋季采挖，特别是野山参，当果实成熟呈鲜红色，较易发现，挖时尽可能连须根一起挖出，除净泥土，晒干的叫生晒参。经水烫，浸糖后干燥的叫白糖参。蒸熟后晒干或烘干的叫红参。

◆ 精选验方：

① 大失血、虚脱：人参25～50克，水煎服；或加制附子2～20克，水煎1小时以上服。

② 阳虚气喘、自汗盗汗、气短头晕：人参25克，熟附子50克，分四帖，每帖以生姜十片，流水二盏，煎一盏，饭后温服。

③ 心气不定，五脏不足，恍惚振悸，差错谬忘，梦寐惊魇，恐怖不宁，喜怒无时，朝差暮剧，暮差朝剧，或发狂眩：人参、白茯苓（去皮）各150克，远志（去苗及心）、菖蒲各100克，研为细末，炼蜜丸如梧桐子大，朱砂为衣。每服7丸，加至20丸，温米饮下，食后临卧，日三服。

◆ 养生药膳：

⊙ 人参黄芪粥

原料：人参、白糖各5克，黄芪20克，粳米80克，白术10克。

制法：将人参、黄芪、白术切成薄片，清水浸泡40分钟后，放入砂锅中加水煮开，再用小火慢煮成浓汁，取出药汁后，再次加水煮开后取汁，合并两次药汁，早、晚分别用作煮粳米粥。

用法：加白糖趁热食用。5日为1个疗程。

功效：补正气，疗虚损，抗衰老。

适用：五脏虚衰、久病体弱、气短自汗、脾虚泄泻、食欲不振、气虚浮肿等。

⊙ 人参莲肉汤

原料：白人参（糖参）10克，莲实（去皮去心）10枚，冰糖30克。

制法：将白人参、莲实放入碗内，加清水适量，泡发后，再加冰糖；将盛人参、莲实的碗放入锅内隔水蒸1小时即成。

用法：人参可连续应用3次，次日再加莲实、冰糖如上述制法蒸制，服用，第3次可连同人参一起吃完。

功效：补气益脾。

适用：中老年人病后体虚、气弱、脾虚、食少、疲倦、自汗、泄泻等。

⊙ 补气养阴酒

原料：人参、干地黄、干枸杞子各15克，淫羊藿、沙苑蒺藜、母丁香各9克，沉香、远志肉各3克，荔枝核7枚（捣碎），白酒1000毫升。

制法：将前九味药先去杂质、灰尘，再同置容器中，加入白酒，密封，浸泡45天后即可。

用法：饮用，每次10毫升，每日1次。

功效：补气养阴，补肾健脾，延年益寿。

适用：面色苍白，缺乏颜色，口唇色淡等。

⊙ 六神酒

原料：人参、白茯苓、麦冬各60克，生地黄、枸杞子各150克，杏仁80克，白酒1500毫升。

制法：将人参、白茯苓捣为细面；麦冬、杏仁、生地黄、枸杞子粗碎，置砂锅中煮至2000毫升，倒入瓶中，再将上述人参、白茯苓粉倒入瓶中，密封，浸泡7天后，即可取用。

用法：每次空腹饮15～25毫升，每日早、晚各饮1次。

功效：补精髓，益气血，悦颜色，健脾胃。

适用：咽干口渴、肺虚久咳、虚热疲倦者。

大枣

别　　名： 红枣、小枣。

性　　味： 味甘，性平，无毒。

用量用法： 内服：煎汤，9～18克；或捣烂作丸。外用：煎水洗或烧存性研末调敷。

主　　治： 补脾，养血，安神，血虚萎黄，心悸失眠，过敏性紫癜。

使用宜忌： 凡有湿痰、积滞、齿病、虫病者，均不相宜。

《本草纲目》：主调中益脾气，令人好颜色，美志气。《食疗本草》：主补津液，强志，和百药毒，通九窍，补不足气。

◆ 原植物：

生长于海拔1700米以下的山区、丘陵或平原，全国各地均有栽培。

鼠李科植物枣。

① 灌木或小乔木，高达10米。

② 小叶有成对的针刺，嫩枝有微细毛。叶互生，椭圆状卵形或卵状披针形，先端稍钝，基部偏斜，边缘有细锯齿，基出三脉。

③ 花较小，淡黄绿色，2～3朵集成腋生的聚伞花序。

④ 核果卵形至长圆形，熟时深红色，果肉味甜，核两端锐尖。

⑤ 花期4～5月，果期7～9月。

主要产地： 分布于河南、河北、山东、陕西等省。

入药部位： 果实。

采收加工： 秋季果实成熟时采收。拣净杂质，晒干。或烘至皮软，再行晒干。或先用水煮一滚，使果肉柔软而皮未皱缩时即捞起，晒干。

◆ 精选验方：

① 使颜面红白细腻：大枣2000克（干用去核），干生姜6克，白盐60克（炒黄），炙甘草30克（去皮），丁香1.5克，陈皮适量（去白），共捣如泥，每次煎服或点服不拘量。

② 贫血：大枣、绿豆各50克，同煮，加红糖适量服用，每日1次。

③ 中老年人低血压：大枣20枚，太子参、莲子各10克，山药30克，薏苡仁20克，大米50克，煮粥食用。

④ 小儿过敏性紫癜：每日煮大枣500克，分5次食完。

◆ 养生药膳：

⊙ 红枣菊花粥

原料：红枣50克，粳米100克，菊花15克，赤砂糖20克。

制法：粳米洗净，放入清水内浸泡待用；红枣洗净放入温水中泡软；菊花洗净控水待用；在锅内放入粳米及泡米水、红枣，用大火煮至沸腾后改为小火，慢慢熬至粥熟，放入菊花略煮，再放入冰糖融化搅匀即可。

用法：早餐食用。

功效：补气血，健脾胃，清肝明目。

适用：长期食用可使面部肤色红润，起到保健防病驻颜美容的作用。

⊙ 大枣汤

原料：大枣15个。

制法：大枣洗净，浸泡1小时，用小火炖烂。

用法：每服1剂，每日3次，7日为1个疗程。

功效：健脾益气，止血。

适用：脾虚气弱、食欲不振等。

⊙ 红颜酒

原料：小红枣、核桃仁各60克，杏仁、酥油各30克，白酒1500毫升。

制法：将前两味研碎，杏仁去皮尖后捣烂待用。白蜜、酥油融化，倒入酒中和匀，然后将上三药放入酒内密封，泡浸3周即可饮用。

用法：每次15毫升，每日1～2次。

功效：补益气血，润肤红颜。

适用：面色苍白，缺乏颜色，口唇色淡，皮肤干枯，头晕心悸，记忆力下降。

⊙ **红枣木耳汤**

原料：红枣 30 枚，水发黑木耳 60 克，白糖适量。

制法：将水发黑木耳去杂洗净，撕成小片；将红枣洗净，去核。将红枣、黑木耳、红糖同放砂锅中，注入适量清水，煮至红枣、黑木耳熟，盛入碗中即成。

用法：每日 1 次，温热食用。

功效：活血润燥，凉血止血，养颜滋阴，可使面色光泽。

适用：贫血症、精神不安。

§ 肉桂

别　　名：玉桂、牡桂、菌桂、简桂、桂树。

性　　味：味甘、性辛，大热，有小毒。

用量用法：内服：煎汤，1.5～4.5 克；或入丸、散。外用：研末调敷或浸酒涂擦。

主　　治：面赤口烂、腰痛足冷，支气管哮喘，肾阳虚腰痛，小儿流涎，神经性皮炎，胃腹冷痛，虚寒泄泻。

使用宜忌：有出血倾向者及孕妇慎用，不宜与赤石脂同用。

《神农本草经》：补中益气，久服通神，轻身不老。《备急千金要方》：治口臭。

◆ **原植物：**

多为栽培。

樟科植物肉桂。

① 常绿乔木，高 10～15 米。

② 树皮外表面灰棕色，有细皱纹及小裂纹，皮孔椭圆形，偶有凸起横纹及灰色地衣的花斑，内皮红棕色，芳香而味甜辛，幼枝有不规则的四棱，幼枝、芽、花序、

叶柄被褐色茸毛。

③ 叶互生或近对生，革质，叶柄稍膨大；叶片长椭圆形或披针形，长8～20厘米，宽4～5.5厘米，全缘，具离基3出脉，上面绿色，有光泽，下面绿色，微被柔毛。

④ 子枝顶或叶腋开黄绿色小花，聚成圆锥花序；花被6片，雄蕊9，退化雄蕊3，心形。

⑤ 果实椭圆形，豌豆大，熟时暗紫色，基部有浅杯状的增大宿存花被，边缘截平或略稀齿状。

⑥ 花期5～7月，果期10月至次年2～3月。

主要产地： 主产于广西、广东等地；此外，云南、福建等省亦有分布。

入药部位： 树皮。

采收加工： 多于秋季剥取，阴干。

◆ **精选验方：**

① 轻身驻颜：桂心、茯苓各90克，共研细末，炼蜜为丸，每次9克，每日3次，温开水送服。

② 髭发枯槁：肉桂、墨旱莲、香白芷、菊花、旋覆花、黑芝麻、荜澄茄、牛膝（酒浸、去皮）各30克，捣为末，炼蜜为丸如梧桐子大，每服30丸，盐汤下，不拘时服。

③ 神经性皮炎：肉桂200克，研细末，装瓶备用。用时根据病损大小，取药粉适量用好醋调成糊状，涂敷病损处，2小时后糊干即除掉。若未愈，隔1周后如法再涂1次。

◆ **养生药膳：**

⊙ **十全大补汤**

原料： 白条鸡、白条鸭、猪肘子各50克，白术、云苓、党参、黄芪、白芍、熟地黄、味精各1克，猪肚25克，猪排骨100克，白条鹅、葱段、酱油各25克，墨鱼肉、姜片各15克，花生米、蒜瓣各10克，大枣2枚，肉桂、川芎各0.6克，冬笋1片，当归、甘草各0.3克，大料3克，香油10毫升，花椒5克，盐6克，料酒25毫升。

制法： 将鸡、鸭、鹅、肚、排骨、肘子剁成块，同冬笋、墨鱼肉一起放入砂锅内。把党参、红枣、花生米用纱布包好，再把花椒、大料用纱布包好，其余九种药料也用纱布包好，三个包都放入砂锅内，加入清水（50毫升）、葱、姜、蒜、酱油，砂锅上旺火烧开去浮沫，加入盐、料酒改小火炖至熟烂，约1.5小时。捞出调料和药料包，把党参、花生米、大枣拆包后再放回砂锅内搅匀，其余药料、调料不要，去净葱、姜，入味精、香油，用紫砂锅装上桌。

功效：延缓衰老、美容养颜、气血双补。

适用：驻颜美容。

⊙ 桂浆粥

原料：肉桂2～3克，粳米30～60克，红糖适量。

制法：将肉桂煎取浓汁去渣，再用粳米煮粥，待粥煮沸后，调入桂汁及红糖，同煮为粥；或用肉桂末1～2克调入粥内。

用法：每日1剂，每日2次。

功效：补阳气，暖脾胃，散寒止痛。

适用：肾阳不足、畏寒怕冷、四肢发凉、阳痿、小便频数清长，或脾阳不振、脘腹冷痛、饮食减少、大便稀薄、呕吐、肠鸣腹胀、消化不良，以及寒湿腰痛、风寒湿痹、妇人虚寒性痛经等。

⊙ 肉桂偏方

原料：两勺蜂蜜，一勺肉桂粉。

制法：每天早餐前30分钟及睡前，用蜂蜜、肉桂粉冲开水一杯。

用法：喝下即可，定期喝。

功效：即使吃高卡路里的食物，也不会让身体堆积脂肪。

⊙ 羊肉肉桂汤

原料：桂皮6克，炖肉500克。

制法：将桂皮放在炖肉中，炖熟。

用法：吃肉喝汤。

功效：温中健胃，暖腰膝。

适用：腹冷、气胀。

§ 当归

别　　名：	西当归、云当。
性　　味：	味苦，性温，无毒。
用量用法：	6～12克。
主　　治：	粉刺，扁平疣，皮肤瘙痒，白癜风，斑秃，血虚诸证，月经不调，经闭，痛经，癥瘕结聚，崩漏，虚寒腹痛，痿痹，肌肤麻木，肠燥便难，赤痢后重，痈疽疮疡，跌扑损伤。
使用宜忌：	湿阻中满及大便溏泄者慎服。

《神农本草经》：诸恶创疡、金创。《本草发明》：治皮肤涩疮。

◆ **原植物**：

各地均有栽培。

①多年生草本。高0.4～1米。

②茎直立，有纵直槽纹，无毛，茎带紫色。

③基生叶及茎下部叶卵形，2～3回三出或羽状全裂，最终裂片卵形或卵状披针形，3浅裂，叶脉及边缘有白色细毛；叶柄有大叶鞘；茎上部叶羽状分裂。

④复伞形花序；伞幅9～13；小总苞片2～4；花梗12～36，密生细柔毛；花白色。

⑤双悬果椭圆形，侧棱有翅。

⑥花期6～7月，果期7～9月。

主要产地：分布于甘肃、云南、四川、青海、陕西、湖南、湖北、贵州等地。

入药部位：根。

采收加工：一般须培育3年才可采收。秋末挖取根部，除净茎叶、泥土，放在通风处阴干几天，按大小分别扎成小把，用微火熏干令透即得。本品带油性，易霉败、虫蛀，必须贮存干燥处。逢梅雨季节，须用硫黄熏过或适当的烘透。

制法：当归、生姜冲洗干净，用清水浸软，切片备用，羊肉剔去筋膜，放入开水锅中略烫，除去血水后捞出，切片备用。当归、生姜、羊肉放入砂锅中，加清水、盐等，大火烧沸后撇去浮沫，再改为小火炖至羊肉熟烂即可。食用时捡去当归和生姜。

功效：补虚劳，祛寒冷，温补气血；益肾气，补形衰，开胃健力；补益产妇，通乳治带，助元阳，益精血。

适用：面色苍白、气虚等。

⊙ 当归酒

原料：当归60克，白酒500毫升。

制法：将当归和白酒一起放入锅内煎煮20分钟，待药液晾温后装入瓶中密封，一周后即可饮用。

用法：每次10～20毫升，每日2～3次。

功效：补血活血，温经止痛。

适用：血虚夹瘀所致的头痛、心悸怔忡、失眠健忘、头晕目眩、面色萎黄、痛经以及更年期综合征等。

◆ **精选验方：**

① 气血不足头晕：当归9克，蜜黄芪30克，羊肉500克，水炖服。

② 面色萎黄、神疲乏力：黄芪30克，当归6克，水煎，去滓，空腹时温服。

◆ **养生药膳：**

⊙ 当归羊肉汤

原料：当归、党参各15克，黄芪30克，生姜10克，羊肉500克。

§ 黄精

别　　名： 老虎姜、鸡头黄精。

性　　味： 味甘，性平，无毒。

用量用法： 9～15克，水煎服；熬膏或入丸散。外用适量，煎水洗。

主　　治： 阴虚肺燥，干咳痰少；消渴多饮；脾胃虚弱，脾气虚或脾阴不足；肾虚精亏，腰膝酸软，须发早白。

使用宜忌： 中寒泄泻、痰湿痞满气滞者忌服。

《日华子本草》：单服九蒸九暴，食之驻颜。《药物图考》：主理血气，坚筋骨，润皮肤，去面黑。

◆ 原植物：

1. 黄精：生长于阴湿的山地灌丛中及林边。

2. 囊丝黄精：生长于山地林中。

3. 西南黄精：生长于阴湿山坡林中。

为百合科植物黄精、囊丝黄精和西南黄精。

1. 黄精（鸡头黄精、鸡头参、黄鸡菜、笔管菜）

① 多年生草本，高50～120厘米，全株无毛。根状茎黄白色，味稍甜，肥厚而横走，直径达3厘米，由数个或多个形如鸡头的部分连接而成为大头小尾状，生茎的一端较肥大，且向一侧分叉，茎枯后留下圆形茎痕如鸡眼，节明显，节部生少数根。茎单一，稍弯曲，圆柱形。

② 叶通常5（少为4或6～7）片轮生，无柄，叶片条状披针形，长7～11厘米，宽5～12毫米，先端卷曲，下面有灰粉，主脉平行，中央脉粗壮在下面隆起。

③ 白绿色花，花腋生，下垂，总花梗长1～2厘米，其顶端通常2分叉，各生

花1朵；苞片小且比花梗短或几等长；花被筒状，6裂；雄蕊6，花丝短，着生于花被上部。

④ 浆果球形，直径7～10毫米，熟时黑色。

⑤ 花期5～6月。

2. 囊丝黄精（白及黄精）

① 多年生草本，根状茎横生增厚，稍呈串珠状。茎圆柱状，常向一边倾斜，光滑无毛，具条纹或紫色斑点。

② 叶互生，两列状，无柄；叶片椭圆形，有时为长圆状椭圆形或卵状椭圆形，长可达25厘米，长、宽变化较大，先端钝尖，两面无毛，有时有乳头状突起，上面绿色，下面灰白色，主脉3条，在背面隆起。

③ 淡绿色花，花腋生，2至多朵花成伞形花序，有时单花；总花梗较粗壮，长约2厘米；花被筒状，长15～35毫米，裂片6；花丝扁平而厚，先端膨大呈囊状或距状，多少具乳头状突起；花柱长为子房的2～3倍。

④ 浆果球形，熟后蓝绿色。

⑤ 花期夏季。

3. 西南黄精（滇黄精、德保黄精、节节高）

① 多年生粗壮草本，高达2米。根状茎肥厚横走，呈块状膨大或串珠状。茎直立，

② 叶通常4～8片轮生，无柄；叶片稍革质，条形或条状披针形，长8～13厘米，宽1.5～2厘米，先端渐尖而卷曲，基部渐窄。

③ 夏季开淡绿色或紫红色花，聚伞花序腋生长于茎的中部，通常2～4花，总花梗长2～3厘米，下垂，小花梗5～9毫米，苞片条形；花被管状卵形，长约2厘米，先端6浅裂，裂片细小，直伸；雄蕊6，花丝短，插生长于花被管上部，花柱极长。

④ 浆果近球形，熟时橙红色或黑色，种子多数。

⑤ 花期夏季。

主要产地：

1. 黄精：广布于长江以北各省区。

2. 囊丝黄精：分布于陕西、河南、湖北、四川、贵州及华东、华南等地区。在江苏南京称此为白及黄精。

3. 西南黄精：分布于广西、四川、云南等省区。

入药部位： 根茎。

采收加工： 春、秋采收，以秋采者质佳。挖取根茎，除去地上部分及须根，洗去泥土，置蒸笼内蒸至呈现油润时，取出晒干或烘干。或置水中煮沸后，捞出晒干或烘干。

◆ **精选验方：**

① 延年益寿、强身健体：黄精根茎适量，阴干，捣末，每日水调服，不拘多少。

② 补肝气明目：蔓荆子500克，黄精1000克，和蔓荆子水蒸9次晒干，捣罗为散，日服3次，每次6克，早晨空腹以粥饮调下，三餐后再以温水调服2次。

◆ **养生药膳：**

⊙ 黄精糯米粥

原料：黄精30克，粳米50克。

制法：黄精切碎，与粳米共煮为粥。

用法：每日早餐食用。

功效：补气生血，健脾，润肺，延年驻颜。

适用：腰膝酸软、筋骨虚弱等。

⊙ 黄精炖龟肉

原料：制黄精20克，乌龟1只（500克），料酒、姜、葱、盐、味精、胡椒粉、鸡油各适量。

制法：制黄精切片，乌龟宰杀后去头、尾及内脏；姜拍松、葱切段。将黄精、乌龟、料酒、姜、葱同放炖锅内，加水适量，置大火烧沸，再用小火炖煮1小时，加入盐、味精、胡椒粉、鸡油即成。

用法：每日1次，每次吃龟肉100克，喝汤。

功效：补中益气，润心肺，强筋骨。

适用：面色焦黄、虚损寒热、肺痨咯血、病后体虚食少、筋骨软弱、风湿疼痛等。

⊙ 黄精鸡蛋汤

原料：黄精20克，鸡蛋3个。

制法：黄精洗净，切细。将黄精、鸡蛋同放锅中，加清水适量，小火煮至鸡蛋熟后，去壳煮至鸡蛋熟后，去壳再煮5～10分钟即可。

用法：每日1剂，食蛋饮汤嚼食黄精。

功效：养血化瘀，祛脂降浊。

适用：气虚血瘀所致的痛经、胸痛、高脂血等。

§ 桑椹

别　　名：
桑果、桑子、桑椹子、黑桑椹、白桑椹。

性　　味：
味甘、酸，性寒。

用量用法：
9～15克，水煎服；熬膏或入酒剂，或丸散。外用：适量，浸水洗。

主　　治：
身体虚弱，失眠，健忘，虚性便秘，气血虚眩晕，白发。

使用宜忌：
脾胃虚寒便溏者禁服。

> 《本草经疏》：为凉血补血益阴之药。《滇南本草》：益肾脏而固精，久服黑发明目。

◆ 原植物：

生长于村旁、田间、地埂或山坡。

桑科植物桑。

① 落叶灌木或小乔木，高达15米。

② 树皮灰白色，常有条状裂缝。根皮红黄色至黄棕色，纤维性甚强。

③ 叶互生，具柄；叶片卵圆形或宽卵形，长7～15厘米，宽5～12厘米，先端尖或长尖，基部近心形，边缘有粗锯齿，有时不规则分裂，上面鲜绿色，无毛，有光泽，下面色略淡，脉上有疏毛，并具腋毛，基出3脉。

④ 花单性，雌雄异株，均为穗状花序，腋生。雄花花被片4，雄蕊4，中央有不育雌蕊；雌花花被片4，无花柱或花柱极短，柱头2裂，宿存。

⑤ 瘦果外被肉质花被，多数密集成一卵圆形或长圆形聚合果，又名桑椹，初绿色，成熟后变肉质，黑紫色，也有白色的。

⑥ 花期8～9月，果期9～10月。

主要产地：分布于全国各省区。

入药部位：果实。

采收加工：4~6月果实变红时采收，晒干或略蒸后晒干。

◆ 精选验方：

① 身体虚弱、失眠、健忘：桑椹50克，何首乌20克，枸杞子15克，黄精、酸枣仁各25克。水煎服或单用本品熬成膏剂，每次服1匙，每日3次。

② 气血虚眩晕：桑椹30克，枸杞子15克，每日1剂，水煎，分2次服。

③ 白发：桑椹酒，每次1小盅(10~15克)，每日饮用1~2次，连饮用1~2个月。

◆ 养生药膳：

⊙ 桑椹糖水

原料：鲜桑椹60克，白砂糖适量。

制法：鲜桑椹加水两碗煎至一碗，用白砂糖调味服用。

功效：补肝益肾，养阴润燥。

适用：神经衰弱所致的失眠、习惯性便秘、老人肠燥便秘等。

⊙ 桑椹膏

原料：桑椹800克，糙米醋或陈年醋1000毫升。

制法：桑椹清洗干净后，用纸巾擦干表面水分，放置数小时待其彻底风干。取一干净且干燥的玻璃罐将桑椹底醋放进去，把盖口密封，静置在阴凉处。

用法：凉开水稀释，饭后饮用。

功效：补血养气，乌黑发丝，安定神经，预防感冒，益肾，帮助消化，预防便秘等。

熟地黄

别　　名：	山烟、酒壶花。
性　　味：	味甘、微苦，性微温，无毒。
用量用法：	9~15克，水煎服；或入丸散。
主　　治：	遗尿，肝肾精血不足，眩晕耳鸣，须发早白，血亏肠燥型肛裂。
使用宜忌：	脾虚泄泻、胃虚食少、胸膈多痰者慎服。

《药性论》：久服变白延年。《神农本草经》：填骨髓，长肌肉。久服轻身不老，生者犹良。

◆ 原植物：

主要为栽培，也有野生长于山坡及路边荒地等处。

玄参科植物地黄。

① 本植物为多年生草本，高25~40厘米。

② 全株密被长柔毛及腺毛。

③ 叶多基生，倒卵形或长椭圆形，基部渐狭下延成长叶柄，边缘有不整齐钝锯齿。茎生叶小。

④ 总状花序，花微下垂，花萼钟状，花冠筒状，微弯曲，二唇形，外紫红色，内黄色有紫斑。

⑤ 蒴果卵圆形，种子多数。鲜生地呈纺锤形或条状，长9~16厘米，直径2~6厘米。表面肉红色，较光滑，皮孔横长，具不规则疤痕。肉质，断面红黄色，有橘红色油点及明显的菊花纹。

⑥ 花期4~5月，果期6~7月。

主要产地：分布于河南的温县、孟州市、泌阳、济源、修武、武陟、博爱。河北、内蒙古、山西及全国大部分地区均有栽培。

入药部位：块根。

采收加工：秋季采挖，除去芦头、须根及泥沙，鲜用；或将地黄缓缓烘焙至约八成干。前者习称鲜地黄，后者习称生地黄。

◆ **精选验方：**

① 肝肾精血不足、眩晕耳鸣、须发早白：制何首乌、熟地黄各25克，沸水浸泡，代茶饮或煎汤饮。

② 调益荣卫，滋养气血，治冲任虚损，月水不调，脐腹腹痛，崩中漏下，血瘕块硬，发歇疼痛，妊娠宿冷，将理失宜，胎动不安，血下不止及产后乘虚，风寒内搏，恶露不下，结生瘕聚，少腹坚痛，时作寒热：熟干地黄（酒洒蒸）、当归（去芦，酒浸，炒）、川芎、白芍药各等份，上为粗末，每服15克，

水一盏半，煎至八分，去渣热服，空心食前。

◆ **养生药膳：**

⊙ 熟地粥

原料：熟地黄10克，大米100克，白砂糖适量。

制法：将熟地择净，切细，用清水浸泡片刻，而后同大米放入锅中，加清水适量，煮为稀粥，待熟时调入白砂糖，再煮一、二沸即成，每日1～2剂。

功效：养阴补血，益精明目。

适用：气血亏虚、肾精不足引起的头目眩晕、视力下降、记忆减退、耳鸣耳聋、腰膝酸软、须发早白、盗汗遗精、消渴口干、肠燥便秘及女子月经不调、崩漏、不孕等。

⊙ 却老酒

原料：熟地黄、甘菊花、枸杞子、焦白术、麦冬、远志、石菖蒲各60克，肉桂25克，人参30克，何首乌50克，白茯苓70克，白酒2000毫升。

制法：将各药共制为细末，置容器中，加入白酒，密封，浸泡7天后，过滤去渣即可。

用法：饮用，每次空腹温饮10毫升，每日2～3次。

功效：益肾健脾，养血驻颜。

§ 五味子

别　　名：
北五味子、辽五味子。

性　　味：
味酸、甘，性温，无毒。

用量用法：
2～6克，水煎服。

主　　治：
久咳虚喘，梦遗滑精，遗尿尿频，久泻不止，自汗，盗汗，津伤口渴，短气脉虚，内热消渴，心悸失眠，粉刺，黧黑斑，疮疡溃烂。

使用宜忌：
外有表邪，内有实热，或咳嗽初起、痧疹初发者忌服。

《药性论》：补虚劳，令人体悦泽。

◆ 原植物：

生长于山坡灌木丛中。

木兰科植物五味子。

① 多年生落叶木质藤本，长可达8米。

② 茎皮灰褐色，皮孔明显；小枝褐色，稍具棱角。

③ 单叶互生，叶柄细长；叶片薄，稍膜质，卵形、宽倒卵形以至宽椭圆形，长5～11厘米，宽3～7厘米，先端急尖或渐尖，基部楔形或宽楔形，边缘疏生有腺体的细齿，上面有光泽，无毛，下面脉上嫩时有短柔毛。

④ 黄白而带粉红色花，芳香，花单性，雌雄异株；花被片6～9，外轮较小；雄花具5雄蕊，花丝合生成短柱，花药具较宽药隔，花粉囊两侧着生；雌花心皮多数，螺旋状排列。花后花托逐渐伸长，至果成熟时呈长穗状。

⑤ 肉质果，小球形，不开裂，熟时深红色，干后表面褶皱状。

⑥ 花期5～6月，果期7～9月。

主要产地：分布于东北及河北、山西、陕西、宁夏、山东、江西、湖北、四川、云南等地。

入药部位：果实。

采收加工：霜降后果实完全成熟时采摘，拣去果枝及杂质，晒干；贮藏于干燥通风处，防止霉烂、虫蛀。

◆ **精选验方：**

① 气阴虚而汗多口渴：五味子6克，人参5克，麦冬15克，水煎服。

② 补益五脏、延缓衰老：五味子、北芪各30克，南北杏、排骨各15克，蜜枣5粒，用清水十二碗煲两小时。

③ 神经衰弱：五味子15～25克，水煎服；或五味子50克，用500毫升白酒浸7天，每次饮酒1酒盅。

◆ **养生药膳：**

⊙ 五味子参枣茶

原料：五味子30克，人参9克，大枣10枚，红糖适量。

制法：将以上几味加水共煮。取药汁加红糖适量。

用法：代茶频饮，每日1剂。

功效：益气固脱，延年驻颜。

适用：血虚气脱型产后血晕。

⊙ 五味子膏

原料：五味子250克，水、蜂蜜各适量。

制法：煎熬取汁，浓缩成稀膏，加等量或适量蜂蜜，以小火煎沸，待冷备用。

用法：每次服1～2匙，空腹时沸水冲服。

功效：补气敛肺，祛痰止咳，补肾涩精。

适用：肺虚咳嗽、气短；或肾虚遗精、滑精、虚羸少气。

§ 郁金

别　　名： 黄郁、黄姜、玉金、温郁金、广郁金、白丝郁金、黄丝郁金。

性　　味： 味辛、苦，性寒。

用量用法： 3～10克，水煎服；2～5克，研末服。

主　　治： 活血行气，解郁止痛，清心凉血，利胆退黄。主治胸胁刺痛，胸痹心痛，经闭痛经，乳房胀痛，热病神昏，癫痫发狂，血热吐衄，黄疸尿赤。

使用宜忌： 阴虚失血及无气滞血瘀者忌服，孕妇慎服。

《本草备要》：行气，解郁；凉心热，散肝郁。《本草从新》：能开肺金之郁。《药性论》：治女人宿血气心痛，冷气结聚，温醋摩服之。

◆ 原植物

生长于林下，或栽培。

姜科植物温郁金。

① 多年生宿根草本。

② 根粗壮，末端膨大成长卵形块根。块茎卵圆状，侧生，根茎圆柱状，断面黄色。

③ 叶基生：叶柄长约5厘米，基部的叶柄短，或近于无柄，具叶耳；叶片长圆形，长15～37厘米，宽7～10厘米，先端尾尖，基部圆形或三角形。

④ 穗状花序，长约13厘米；总花梗长7～15厘米；具鞘状叶，基部苞片阔卵圆形，小花数朵，生长于苞片内，顶端苞片较狭，腋内无花；花萼白色筒状，不规则3齿裂；花冠管呈漏斗状，裂片3，粉白色，上面1枚较大，两侧裂片长圆形；侧生退化雄蕊长圆形，药隔距形，花丝扁阔；子房被伏毛，花柱丝状，光滑或被疏毛，

基部有 2 棒状附属物，柱头略呈二唇形，具缘毛。花期 4～6 月，极少秋季开花。

⑤ 蒴果卵状三角形。

⑥ 花期 4～6 月。

主要产地：分布于浙江、四川、江苏、福建、广西、广东、云南等地。

入药部位：根。

采收加工：冬季茎叶枯萎后采挖，摘取块根，除去细根，蒸或煮至透心，干燥。切片或打碎，生用，或矾水炒用。

◆ 精选验方：

① 妇人胁肋胀满、气逆：郁金、木香、莪术、牡丹皮各适量，煎汤服。

② 谷疸、唇口先黄、腹胀气急：郁金 50 克，牛胆 1 枚（干者），麝香（研）2.5 克，将以上 3 味捣研为细散。每服 3 克，新汲水调下，不拘时。

◆ 养生药膳

⊙ 郁金香附茶

原料：郁金 10 克，香附 30 克，甘草 15 克。

制法：将三味药放入砂锅内，加水 1000 毫升，煎沸 20 分钟，取汁代茶饮。

用法：每日 1 剂，分 2 次饮服。连用 25～35 日。

功效：行气解郁。

适用：虚寒性胃痛。

⊙ 田七郁金蒸乌鸡

原料：郁金 9 克，田七 6 克，乌鸡 1 只（500 克），绍酒 10 克，葱、姜、盐、大蒜各适量。

制法：把田七切成小颗粒（绿豆大小）；郁金洗净，润透，切片；乌鸡宰杀后，去毛、内脏及爪；大蒜去皮，切片；姜切片，葱切段。乌鸡放入蒸盆内，加入姜、葱、大蒜，在鸡身上抹匀绍酒、盐，把田七、郁金放入鸡腹内，注入清水 300 毫升。把蒸盆置蒸笼内，用大火大汽蒸 50 分钟即成。

用法：每日 1 次，每次吃鸡肉 50 克，佐餐食用。

功效：补气血，祛瘀血。

适用：肝硬化腹水患者食用。

⊙ 荷叶郁金粥

原料：粳米 100 克，荷叶 20 克，郁金 15 克，山楂（干）30 克，冰糖 5 克。

制法：将粳米、山楂、荷叶洗净后备用。把一整张荷叶撕成小块，入开水中煎煮。放入郁金，搅拌，使其浸泡在水中，用大火煮 10 分钟左右，把煮透的荷叶和郁金捞出；把准备好的山楂、粳米和冰糖放进用荷叶和郁金熬出的汤汁里，大火煮20分钟，再换小火煮10分钟即可。

功效：理气活血，降血压，降血脂。

适用：高血压、高脂血症。

§ 茉莉

别　　名：	柰花、茉莉花。
性　　味：	味辛，性热，无毒。
用量用法：	花、叶3～6克，花外用：适量，煎水洗眼。根3～6克，外用：适量，捣烂敷患处。
主　　治：	理气和中，开郁辟秽。主治下痢腹痛，目赤肿痛，疮疡肿毒。
使用宜忌：	肺脾气虚或肾虚喘息者忌用。

《饮片新参》：平肝解郁，理气止痛。《随息居饮食谱》：和中下气，辟秽浊。治下痢腹痛。

◆ 原植物

生长于温暖湿润、半阴的含有腐殖质的微酸性砂质土壤中。

木犀科植物茉莉。

① 常绿小灌木或藤本状灌木，高可达1米。

② 枝条细长，小枝有棱角，有时有毛，略呈藤本状。

③ 单叶对生，光亮，宽卵形或椭圆形，叶脉明显，叶面微皱，叶柄短而向上弯曲，

有短柔毛。

④叶腋抽出新梢，顶生聚伞花序，顶生或腋生，有花3～9朵，通常3～4朵，花冠白色，极芳香。

⑤果球形，直径约1厘米，紫黑色。

⑥大多数品种的花期6～10月，由初夏至晚秋开花不绝，落叶型的冬天开花，花期11月到第二年3月。

主要产地： 分布于江苏、四川、广东等地。

入药部位： 花。

采收加工： 秋后挖根，切片晒干；夏、秋采花，晒干。

◆ **精选验方：**

①黄褐斑：茉莉花及子适量，研成粉末，当化妆粉外擦，每日1次。

②失眠：茉莉根1.5～2.5克，磨水服。

◆ **养生药膳**

⊙ 茉莉花茶

原料： 茉莉花、石菖蒲各6克，绿茶10克。

制法： 上几味研成细末，放入茶杯，冲入开水，加盖闷泡15分钟，代茶饮用。

用法： 每日1剂，分数次饮服，连用25～35日。

功效： 理气，开郁，辟秽，和中。

适用： 慢性胃炎引起的脘腹胀痛。

⊙ 茉莉花氽鸡片汤

原料： 茉莉花20朵，鸡里脊肉150克，鸡清汤1500克，鸡蛋2个，味精、盐、料酒、胡椒粉、淀粉、姜、葱各适量。

制法： 将鸡里脊肉洗净切成小丁；茉莉花择去梗，洗净；葱、姜洗净，分别切段，拍破制汁待用；鸡肉用盐、料酒、味精、葱姜汁、鸡蛋清调拌均匀。将淀粉在案板上铺开，取鸡丁逐一放入淀粉内，用擀面杖将鸡丁敲成薄片。汤锅放水，置火上烧沸，离火，将鸡片逐片放入沸水中，氽透捞出，用凉水浸泡。将鸡清汤放汤锅内，置火上烧沸，放入料酒、盐、味精、胡椒粉调好口味。把鸡片淴净凉水，用烧沸的鸡清汤将鸡片烫熟捞出，放入碗内，茉莉花也放入碗内，再将鸡汤盛入汤碗内即成。

用法： 饮汤食鸡肉。

功效： 疏肝理气，补虚强身。

适用： 肝气不舒胁痛者。

第二章 美白祛斑润肤中草药妙用

§ 白附子

别　　名：
白附、禹白附、生白附子、制白附子。

性　　味：
味辛，性温，有毒。

用量用法：
3～6克，水煎服；或入丸、散。外用适量，煎水熏洗。

主　　治：
黄褐斑，花斑癣汗斑，白癜风痛，斜视。

使用宜忌：
孕妇忌服。

《民间草药》：独角莲球茎供药用，逐寒湿、祛风痰、镇痉。

◆ **原植物：**

生长于山野阴湿处。

天南星科植物独角莲。

① 多年生草本。

② 块茎卵圆形或卵状椭圆形。

③ 叶根生，1～4片，戟状箭形，依生长年限大小不等，长9～45厘米，宽7～35厘米；叶柄肉质，基部鞘状。

④ 花葶7～17厘米，有紫斑，花单性，雌雄同株，肉穗花序，有佛焰苞，花单性，雌雄同株。雄花位于花序上部，雌花位于下部。

⑤ 浆果，熟时红色。块茎椭圆形或卵圆形，长2～5厘米；直径1～3厘米。表面白色或黄白色，有环纹及根痕，顶端显茎痕或芽痕。

⑥ 花期6～7月，果期8～9月。

主要产地：	分布于河南、甘肃、湖北等地。
入药部位：	根。
采收加工：	秋季采挖，除去须根、外皮，晒干。

◆ **精选验方：**

① 颈淋巴结核：鲜白附子10～30克，洗净，水煎服，每日1剂，5日为1个疗程。

② 黄褐斑：白附子、白及、浙贝母各等份，研末，调凡士林制成药膏，早、晚各搽药1次。

③ 花斑癣汗斑：生白附子、密陀僧各3克，硫黄6克，上药共研细末，用黄瓜蒂蘸药搽患处，每日2次。

④ 斜视：白附子、蜈蚣、僵蚕、天麻、全蝎、钩藤各等份，共研细末，每日2次，成人每次7克，儿童酌减，用黄酒或白开水送服。

⑤ 白癜风：白附子、白芷各6克，雄黄3.5克，密陀僧10克，共研细末，用切平的黄瓜尾蘸药末用力擦患处，每日2次。

◆ **养生药膳：**

⊙ **玉肌散**

原料：白附子、滑石、白芷各6克，绿豆500克。

制法：共研极细末，每次少量洗面；或兑人乳用之，其效甚速。

功效：常洗能润肌肤，悦颜色，光洁如玉，面如凝脂。

适用：治面部粗涩不滑，晦暗无光，雀斑污子。

⊙ **姜附羊肉汤药粥**

原料：白附子3克，羊肉200克，生姜10克，葱适量。

制法：白附子用水煎20分钟后去渣，将羊肉洗净，切成小块，生姜洗净切1厘米厚片，与羊肉一起放入白附子药液中，加葱少许，小火煎至肉烂，加盐调味。

用法：食肉喝汤。

功效：温中散寒，化痰散结。

适用：寒痰凝滞之恶性淋巴瘤。

§ 茯苓

别　　名：
云苓、白茯苓、赤茯苓。

性　　味：
味甘，性平，无毒。

用量用法：
内服：煎汤，10～15克；或入丸、散。宁心安神用朱砂拌。

主　　治：
面黑无华，粉刺，脱发，湿疹，荨麻疹，咳嗽，呕吐，脾虚泻泄，小便不利，水肿，肥胖症。

使用宜忌：
阴虚而无湿热、虚寒滑精、气虚下陷者慎服。

《本经》：胸胁逆气，忧恚惊邪恐悸，心下结痛，寒热烦满咳逆，口焦舌干，利小便。久服，安魂养神，不饥延年。《别录》：止消渴好睡，大腹淋漓，膈中痰水，水肿淋结，开胸腑，调脏气，伐肾邪，长阴，益气力，保神守气。

◆ **原植物：**

生长于松科植物赤松或马尾松等树根上，深入地下20～30厘米。

多孔菌科真菌茯苓。

① 寄生或腐寄生。

② 菌核埋在土内，大小不一，表面淡灰棕色或黑褐色，断面近外皮处带粉红色，内部白色。子实体平伏，伞形，直径0.5～2毫米，生长于菌核表面成一薄层，幼时白色，老时变浅褐色。

③ 菌管单层，孔多为三角形，孔缘渐变齿状。

主要产地： 分布于湖北、安徽、河南、云南、贵州、四川等地。

入药部位： 菌核。

采收加工： 野生茯苓一般在7月至次年3月间到马尾松林中采取。

◆ **精选验方:**

① 水肿: 茯苓、木防己、黄芪各15克,桂枝10克,甘草5克,水煎服。

② 面黑无华: 茯苓、白石脂各等量,研末,水煎涂,每日3次。

③ 湿痰蒙窍: 茯苓、石菖蒲、远志、郁金、半夏各15克,胆南星10克,水煎服。

◆ **养生药膳:**

⊙ 茯苓贝梨汤

原料: 茯苓15克,川贝母10克,梨1000克,蜂蜜500克,冰糖适量。

制法: 将茯苓切成小块,梨去蒂把,切成丁。将茯苓、川贝母放入锅中,加水用中火煮熟,再加入梨、冰糖继续煮至梨熟,稍凉后加入蜂蜜调味。

用法: 可吃梨、茯苓,喝汤。

功效: 清热润肺止咳之良药。

适用: 常吃可美容颜、抗衰老,使皮肤光滑细嫩,并有弹性。

⊙ 二陈汤

原料: 半夏(汤洗七次)、橘红各15克,白茯苓9克,甘草(炙)4.5克。

制法: 上四味研为粗末,加生姜7片,乌梅1个,水煎温服。

用法: 每日1次。

适用: 脱发、痰热内盛的肥胖症。

§ 薏苡仁

别　　名：
薏苡仁、苡米、薏仁米、沟子米。

性　　味：
味甘，性微寒，无毒。

用量用法：
9～30克，煎服或煮食。健脾止泻宜炒用，清利湿热宜生用。

主　　治：
扁平疣，尿路结石，慢性结肠炎，胃癌，子宫颈癌，阑尾炎，水肿，消化不良。

使用宜忌：
津液不足者慎用。

《本草正》：利关节，除脚气。治痿弱拘挛湿痹，消水肿疼痛，利小便热淋，亦杀蛔虫。《药品化义》：健脾阴，大益肠胃。主治脾虚泻，致成水肿，风湿盘缓，致成手足无力，不能屈伸。盖因湿胜则土败，土胜则气复，肿自消而力自生。

◆ 原植物：

生长于河边、溪涧边或阴湿山谷中，现全国各地栽植供药用。

禾本科植物薏苡。

① 一年生或多年生草本。

② 秆直立，高1～1.5米，丛生，多分枝，基部节上生根。

③ 叶互生，长披针形，长10～40厘米，宽1.5～3厘米，先端渐尖，基部宽心形，鞘状抱茎，中脉粗厚而明显，两面光滑，边缘粗糙。

④ 总状花序从上部叶鞘内抽出1至数个成束；雄小穗覆瓦状排列于穗轴之每节上；雌小穗包于卵形硬质的总苞中，成熟时变成珠子状，灰白色或蓝紫色，坚硬而光滑，顶端尖，有孔，内有种仁即薏苡仁。

⑤ 颖果藏于坚硬的总苞中，卵形或卵状球形。

⑥ 花期7～8月，果期9～10月。

主要产地：我国南方各省区有野生。

入药部位：种仁。

采收加工：秋季果实成熟后，割取全株，晒干，打下果实，除去外壳及黄褐色外皮，去净杂质，收集种仁，晒干。

◆ 精选验方：

① 扁平疣：生薏苡仁末30克，白砂糖30克，拌匀，每次1匙，开水冲服，每日3次，7～10日为1个疗程。

② 水肿：薏苡仁、赤小豆、冬瓜皮各50克，黄芪、茯苓皮各25克。水煎服。

◆ 养生药膳：

⊙ 薏米杏仁粥

原料：薏苡仁30克，杏仁10克（去皮），冰糖适量。

制法：将薏苡仁放入锅中，加适量水置大火上烧沸，再用小火熬煮至半熟，放杏仁，熟后加入冰糖即可。

用法：每日1次，作晚餐或作点心服食。

功效：行气活血，调经止痛，美白补湿，润泽肌肤。

⊙ 薏苡仁白糖粥

原料：薏苡仁50克，水、白糖适量。

制法：薏苡仁加适量水以小火煮成粥，加白糖适量搅匀。

用法：早餐食用。

功效：健脾补肺，清热利湿。

适用：湿热毒邪变遏肌肤型扁平疣、青春疙瘩等。

⊙ 葛根薏苡仁粥

原料：薏苡仁、大米各100克，葛根50克，水1000毫升。

制法：葛根去皮洗净，薏苡仁、大米均洗净备用。共入锅中，用小火煮成粥。

用法：每日1次，常食为宜。

功效：清热止渴，利尿。

适用：肥胖、冠心病等肝阳亢盛型或痰湿壅阻型。

⊙ 薏苡巨胜酒

原料：薏苡仁100克，黑芝麻、生地黄各125克，白酒3000毫升。

制法：将黑芝麻煮熟晒干，薏苡仁炒至略黄，两药合起略捣烂后与切成小块的生地黄共装入纱布袋里，与白酒一起置入容器中，密封浸泡12日后即可服用。

用法：早、晚各1次，每次10～20毫升，空腹服用。

功效：补肝肾，润五脏，填精髓，祛湿气。

适用：体质虚弱、神衰健忘、记忆力减退、须发早白、皮肤毛发干燥、腰膝疼痛等。

§ 白及

别　　名：
白根、地螺丝、白鸡儿、白鸡娃、连及草、羊角七。

性　　味：
味苦，性平，无毒。

用量用法：
6～15克；研末吞服3～6克。外用：适量。

主　　治：
粉刺，面部晦暗，肺结核咯血，肺气肿，哮喘，吐血，便血。

使用宜忌：
外感咯血、肺痈初起及肺胃有实热者忌服。

《本经》：痈肿恶疮败疽，伤阴死肌，胃中邪气，贼风鬼击，痱缓不收。大明：止惊邪血邪血痢，痫疾风痹，温热疟疾，发背瘰疬，肠风痔瘘，扑损，刀箭疮，汤火疮，生肌止痛。

◆ **原植物：**

生长于山坡草丛中及疏林下；各地亦有栽培。

兰科植物白及。

① 多年生草本，高30～60厘米。

② 地下块茎扁圆形或不规则菱形，肉质，黄白色，生有多数须根，常数个并生，其上显有多个同心环形叶痕，形似"鸡眼"，又像"螺丝"。

③ 叶3～6片，披针形或广披针形，长15～40厘米，宽2.5～5厘米，先端渐尖，基部下延成鞘状抱茎。

④ 总状花序顶生，常有花3～8朵；苞片长圆状披针形，长2～3厘米；花淡紫红色，花瓣不整齐，其中有1较大者形如唇状，倒卵长圆形，3浅裂，中裂片有皱纹，中央有褶片5条。

⑤ 蒴果纺锤状，长约3.5厘米，有6条纵棱。

⑥ 花期4～5月，果期7～9月。

入药部位：块茎。

采收加工：8～11月采挖，除去残茎、须根，洗净泥土，经蒸煮至内面无白心，然后撞去粗皮，再晒干或烘干。

◆ 精选验方：

① 面部晦暗：单用白及研末洗面。

② 湿疹：煅石膏100克，白及50克，密陀僧21克，轻粉25克，枯矾15克，共研极细粉，用香油或凡士林调成50%软膏涂患处。如有脓水渗出者，可用药粉干撒，每日3～5次。用药时忌用温水或肥皂水洗涤。

◆ 养生药膳：

⊙ 白及冰糖燕窝

原料：燕窝10克，白及15克，冰糖适量。

制法：燕窝与白及同放锅内，加水适量，隔水蒸炖至极烂，滤去滓，加冰糖适量，再炖片刻即成。

用法：每日1～2次。

功效：补肺养阴，止血，养颜美容。

⊙ 白及肺

原料：猪肺1具，白及片30克。

制法：将猪肺挑去血筋、血膜，洗净，同白及入瓦罐，加酒煮熟。

用法：食肺饮汤，可少加盐、味精调味。连服数日。

功效：补肺，止血，生肌。

适用：肺痿肺烂。

⊙ 三白面膜

原料：白及、白芷粉各1茶匙，白茯苓2茶匙，蜂蜜或牛奶适量。

制法：将以上三味药粉混和，冬天时加蜂蜜调和，若太黏可加几滴牛奶；夏天或是特别油的皮肤只需加牛奶调和。

用法：每次20～30分钟。

功效：有美白润泽，柔嫩肌肤之效。

§ 白术

别　　名：	于术、冬术、浙术、种术。
性　　味：	味甘，性温，无毒。
用量用法：	6～12克，水煎服。
主　　治：	面色萎黄，湿疹，久泻，久痢，便秘，小儿腹泻，积食，磨牙。
使用宜忌：	阴虚燥渴、气滞胀闷者忌服。

《本经》：风寒湿痹，死肌痉疸，止汗除热消食。作煎饵久服，轻身延年不饥。

《别录》：主大风在身面，风眩头痛，目泪出，消痰水，逐皮间风水结肿，除心下急满，霍乱吐下不止，利腰脐间血，益津液，暖胃消谷嗜食。

◆ 原植物：

生长于山坡林边及灌木林中。

菊科植物白术。

① 多年生草本，高30～60厘米。

② 根状茎肥厚，略呈拳状，有不规则分枝，外皮灰黄色。茎直立，上部分枝，基部木质化，有不明显纵槽。

③ 叶互生，茎下部叶有长柄，叶片3深裂，偶为5深裂，顶端裂片最大，裂片椭圆形至卵状披针形，边缘有刺状齿；茎上部叶柄渐短，叶片不分裂，椭圆形至卵状披针形，长4～10厘米，宽1.5～4厘米，先端渐尖，基部渐窄下延成柄，边缘有弱刺，叶脉显著。

④ 头状花序单生长于枝端，总苞钟状，总苞片7～8层，覆瓦状排列，总苞基部被一轮羽状深裂的叶状苞片包围；全为管状花，花冠紫色，先端5裂，开展或反卷；雄蕊5；子房下位，表面密被茸毛，花柱细长，柱头头状，顶端有一浅裂缝。冠毛

羽状分枝，与花冠略等长。

⑤ 瘦果椭圆形，稍扁，被有黄白色绒毛。

⑥ 花期9～10月，果期10～11月。

主要产地：分布于长江流域。全国各地多有栽培。

入药部位：根茎。

采收加工：霜降至立冬采挖，除去茎叶和泥土，烘干或晒干，再除去须根即可。烘干者称烘术；晒干者称生晒术，亦称冬术。

◆ 精选验方：

① 去雀斑：用米醋（白醋）浸白术，7天后用浸泡过白术的醋搽有雀斑的面部，坚持天天擦拭。

② 面色萎黄：白术、神曲、陈皮各60克，微炒，人参、荜茇各30克，炮干姜3分，捣蒜为末，煮枣肉和丸如梧桐子大，以粥饭下20～30丸。

③ 小儿夜间磨牙：白术、柏子仁等量蒸食，每次6克，于每晚睡觉前服用，连服2周。

◆ 养生药膳：

⊙ 白术半夏天麻粥

原料：白术、天麻各10克，半夏5克，橘红3克，大枣3枚，粳米50克。

制法：先将白术、天麻、半夏、橘红、大枣清理干净后，水煎取汁去渣；然后将药汁与淘洗干净的粳米一同入锅煮粥，粥将熟时加入白糖，稍煮即成。

用法：每日2次，温热服。

功效：健脾祛湿，熄风化痰。

适用：高血压、风痰所致之眩晕头痛、痰多、胸肠胀满等。

⊙ 清利祛斑方

原料：白术、绵茵陈各12克，鸡内金、茯苓各15克，苍术、泽泻各10克，制大黄、赤芍、桃仁各9克，薏苡仁20克。

制法：水煎服。

用法：每日1剂，10天为1个疗程。

功效：健脾清热，利湿活血。

适用：黄褐斑，斑色深，范围大，可见于油性皮肤。兼有肢体困倦，白带量多色黄，舌苔腻，脉弦滑。

薯蓣

别　　名： 山药、土藷、山薯蓣、怀山药、淮山、白山药。

性　　味： 味甘，性温、平，无毒。

用量用法： 10～30克，水煎服。汤单用或大剂量可用60～100克。

主　　治： 脾虚腹泻，慢性久痢，虚劳咳嗽，糖尿病，食欲不振，四肢乏力，气血不足，手足冻疮。

使用宜忌： 湿盛中满或有实邪、积滞者禁服。

《本经》：伤中，补虚羸，除寒热邪气，补中，益气力，长肌肉，强阴。久服，耳目聪明，轻身不饥延年。《别录》：主头面游风，头风眼眩，下气，止腰痛。治虚劳羸瘦，充五脏，除烦热。

◆ **原植物：**

栽培或野生长于山地向阳处。薯蓣科植物薯蓣。

① 多年生缠绕草本。

② 根状茎短，根直生，肉质肥厚，呈圆柱状棍棒形，长可达1米，直径2～7厘米，外皮灰褐色，生多数须根，质脆，断面白色带黏性。茎细长，通常带紫色，有棱线，光滑无毛。

③ 叶对生或3片轮生，叶腋常生珠芽名"零余子"，俗称"山药豆"。叶片形状多变化，三角状卵形至三角状宽卵形，长3.5～7厘米，通常三裂，侧裂片圆耳状，中裂片先端渐尖；叶脉7～9条自叶基发出。

④ 花雌雄异株，极小，黄绿色，均成穗状花序，雄花序直立，雌花序下垂。花乳白色，花被6片；雄花有6个雄蕊；雌花花柱3，柱头2歧。

⑤ 蒴果有3棱，呈翅状；种子扁圆形；

有宽翅。

⑥ 花期6～9月，果期7～11月。

主要产地：全国大部分地区均有分布。主产于河南、山西、河北、陕西等省。

入药部位：根茎。

采收加工：采得后，切去根头，洗净，用竹刀刮去外皮，鲜用或干燥备用。

◆ **精选验方：**

① 皮肤干燥：薯蓣适量，磨泥外敷，可润皮毛。

② 脾虚湿盛，形体肥胖：薯蓣适量，以其为主食；或配伍薏苡仁、苍术、陈皮、茯苓各适量，同用。

③ 手足冻疮：薯蓣一截，磨泥敷上。

◆ **养生药膳：**

⊙ 减肥粥

原料：山药、茯苓、大豆、黑米、黑芝麻、山楂各30克，大米350克。

制法：将前六味材料研末和匀，取30克，与米同煮粥。

功效：补脾胃，滋肺肾。

适用：健脾益肾、通利水湿，适用于减肥。

⊙ 天真丸

原料：羊肉3.5千克（精者为妙，先去筋膜，并去脂皮，批开入药末），肉苁蓉300克，当归360克（洗净，去芦），湿山药（去皮）300克，天门冬（焙软，去心，切）500克。

制法：将前四味药置之羊肉内，裹好用麻缕缠定，用上色糯酒煮令酒尽，再入水适量又煮，直至肉如泥。再入黄芪末150克、人参末90克、白术末60克。熟糯米饭焙干为末300克，前后药末同剂为丸，如梧桐子大。每日100粒，以后渐加至每日服300粒，空腹时用温糯米酒送下。

功效：通常血脉，益精神，添力气，驻颜色，轻身延年。

§ 白蔹

别　名： 山地瓜、野红薯、山葡萄秧、白根、五爪藤。

性　味： 味苦、甘，性微寒。

用量用法： 5～9克，水煎服。外用：适量，研末撒或调涂。

主　治： 面黑生疱，痈肿，热痱，瘰疬，烫伤，汤火灼烂，扭挫伤，痢疾，温热白带。

使用宜忌： 孕妇忌服。

《药性论》：治面上疱疮。《神农本草经》：主痈肿疽疮，散结气，止痛。

◆ 原植物：

生长于山野、坡地及路旁杂草丛中。葡萄科植物白蔹。

① 多年生攀缘藤本，长约1米。

② 块根粗壮肉质，长纺锤形或卵形，深棕褐色，数个聚生似地瓜，故俗称"山地瓜"。茎基部木质化，多分枝，幼枝光滑有细条纹，带淡紫色，卷须与叶对生。

③ 掌状复叶互生，长6～10厘米，宽7～12厘米，叶柄较叶片短，无毛；小叶3～5片，一部分羽状分裂，一部分羽状缺刻，裂片卵形或披针形，中间裂片最长，两侧的很小，常不分裂；叶轴有宽翅，与裂片交接处有关节，两面无毛。

④ 聚伞花序小，与叶对生，花序梗长3～8厘米，细长常缠绕；萼5浅裂；花瓣、雄蕊各5；花盘边缘稍分裂。

⑤ 浆果球形，熟时蓝色或蓝紫色，有针孔状凹点。

⑥ 花期7～8月，果期9～10月。

主要产地：分布于东北、华北、华东及河北、陕西、河南、湖北、四川等省。

入药部位：块根。

采收加工：春、秋两季采挖，除去泥沙和细根，切片，晒干。

◆ 精选验方：

① 烫伤：白蔹、地榆各等量，共为末，适量外敷；或麻油调敷患处。

② 痈肿：白蔹、乌头（炮）、黄芩各等份，捣末筛，和鸡子白敷上。

③ 汤火灼烂：白蔹末敷之。

④ 热痱、瘰疬：白蔹、黄连各100克，生胡椒粉50克，上捣筛，溶脂调和敷。

⑤ 扭挫伤：白蔹2个，盐适量，鲜品捣烂如泥，外敷伤处。

◆ 养生药膳：

⊙ 七白膏

原料：白蔹、白芷、白术各30克，白及15克，细辛、白附子、白茯苓各9克。

制法：上为细末，以鸡蛋调丸如弹子大，阴干。每夜洗净面，温水于瓷器内磨汁，涂面。

功效：润肤增白。

适用：干性皮肤、粗糙、皱纹、晦暗。

⊙ 白蔹散

原料：白蔹150克，商陆50克，干姜100克，天雄（炮裂，去皮脐）150克，踯躅花50克（蒸熟，炒干），黄芩100克。

制法：上述全部药材捣罗为细散，每于食前，以温酒调下10克。

功效：白癜风、遍身斑点瘙痒等。

§ 半夏

别　　名：
三叶半夏、三叶老、三步跳、麻玉果、燕子尾。

性　　味：
味辛，性平，有毒。

用量用法：
内服：一般炮制后使用，3～9克。
外用：适量，磨汁涂或研末以酒调敷患处。

主　　治：
湿痰咳嗽，恶心呕吐，脾胃气弱、不下饮食，面色萎黄。

使用宜忌：
不宜与川乌、制川乌、草乌、制草乌、附子同用；生品内服宜慎。

《本经》：伤寒寒热，心下坚，胸胀咳逆，头眩，咽喉肿痛，肠鸣，下气止汗。
《本草纲目》：除腹胀。目不得瞑，白浊梦遗带下。

◆ 原植物：

喜生长于潮湿肥沃的沙质土上，多见于房前屋后、山野溪边及林下。

天南星科植物半夏。

① 多年生草本，高15～30厘米。

② 地下块茎球形或扁球形，直径1～2厘米，下部生多数须根。

③ 叶从块茎顶端生出，幼苗时常具单叶，卵状心形；老株的叶为3小叶的复叶，小叶椭圆形至披针形，中间一片比较大，两边的比较小，先端锐尖，基部楔形，有短柄，叶脉为羽状网脉，侧脉在近边缘处联合；叶柄下部内侧面生1白色珠芽，有时叶端也有1枚，卵形。

④ 花葶高出于叶，长约30厘米；佛焰苞下部细管状，绿色，内部黑紫色，上部片状，呈椭圆形；肉穗花序基部一侧与佛焰苞贴生，上生雄花，下生雌花，花序轴先端附属物延伸呈鼠尾状。

⑤ 浆果熟时红色。

⑥ 花期5～7月，果期8～9月。

> 主要产地：主产于南方各省，东北、华北以及长江流域诸省区均有分布。
>
> 入药部位：块茎。
>
> 采收加工：7～9月间采挖，洗净泥土，除去外皮，晒干或烘干。

◆ **精选验方：**

① 面上黑气：用半夏研末，米醋调敷，不计遍数，从早至晚如此3日，皂角汤洗之。

② 灭瘢痕：用禹余粮、半夏各等量，为末，以鸡子黄和，先以新布拭瘢痕令赤，然后涂之，勿见风，每日2次。

③ 癫狂痼证：半夏15克，秫米30克，蜂蜜20克，水煎服。

◆ **养生药膳：**

⊙ **半夏山药粥**

原料：怀山药、清半夏各30克。

制法：山药研末，先煮半夏取汁一大碗，去渣，调入山药末，再煮数沸，酌加白糖和匀。

用法：每日1次，空腹食用。

功效：燥湿化痰，降逆止呕。

适用：湿痰咳嗽、恶心呕吐等。

⊙ **半夏美白面膜**

原料：半夏粉6克，马铃薯、番茄各半个，黄瓜半根。

制法：马铃薯洗净，削皮切块，放入搅拌机中搅成马铃薯泥；再将番茄、黄瓜洗净去皮榨汁，把以上汁液倒入马铃薯泥中搅拌均匀，加半夏粉继续搅拌，成糊状即可。

用法：先于手腕内侧测试，若无过敏反应才可使用。首先洁面，将面膜均匀涂抹在脸部，眼部和唇部四周不涂；15分钟后用温水洗去。

功效：去除暗沉污垢，使肌肤水油平衡，美白。

适用：混合性肤质。

§ 辛夷

别　　名：
木兰、玉兰花、女郎花、木笔花、望春花、春花。

性　　味：
味辛，性温，无毒。

用量用法：
内服：煎汤，3～10克，宜包煎；或入丸、散。外用：适量，研末搐鼻；或以其蒸馏水滴鼻。

主　　治：
粉刺，酒渣鼻，痤疮，疱疹，头痛，鼻炎，鼻窦炎，鼻塞不通，齿痛。

使用宜忌：
气虚之人，虽偶感风寒，致诸窍不通者，不宜用。

《本经》：五脏身体寒热，风头脑痛面皯。久服下气，轻身明目，增年耐老。《别录》：温中解肌，利九窍，通鼻塞涕出。治面肿引齿痛，眩冒身兀兀如在车船之上者，生须发，去白虫。《本草纲目》：鼻渊鼻鼽，鼻窒鼻疮及痘后鼻疮，并用研末，入麝香少许，葱白蘸入数次，甚良。

◆ 原植物：

多栽培于庭院。

木兰科植物辛夷。

① 落叶灌木，高3～5米，常丛生。

② 干直立，树皮灰白色，分枝，小枝除枝梢外均无毛，带褐紫色或绿紫色，有明显灰白色皮孔。

③ 叶痕呈三角状半月形，芽有细毛。单叶互生，具短柄，柄的基部较宽厚；叶片椭圆状卵形或倒卵形，长8～18厘米，宽3～10厘米，先端急尖或渐尖，基部楔形，全缘，上面暗绿色，密被短柔毛，下面绿色有光泽，脉上有细柔毛。

④ 花蕾外被黄绿色长毛，先叶开放或与叶同时开放，单生长于枝顶，钟状，大形；花被片9，每3片排成1轮，最外1轮披

针形，黄绿色，较小，长 2.3～3.3 厘米，其余的矩圆状倒卵形，较大，长 8～10 厘米，外面紫色或紫红色，内面白色；雄蕊与心皮均多数，花柱 1，顶端尖，微弯。

⑤聚合果长圆形，长 7～10 厘米，淡褐色。

⑥花期 2～3 月，果期 6～7 月。

主要产地： 分布于河北、陕西、江苏、安徽、浙江、江西、湖北、湖南、四川等省。

入药部位： 花蕾。

采收加工： 1～3 月，齐花梗处剪下未开放的花蕾，白天置阳光下曝晒，晚上堆成垛发汗，使里外干湿一致。晒至五成干时，堆放 1～2 日，再晒至全干。如遇雨天，可烘干。

◆ **精选验方：**

①面黑无泽：辛夷、细辛、玉竹、川芎、白芷、黄芪、山药、白附子各 30 克，瓜蒌、木兰皮各 0.3 克，猪油炼成油 4000 克，各药切碎用绵裹，酒渍一宿，然后在猪油内煎，用白芷 1 片，煎至白芷色黄则膏成，去滓外用。

②治头面肿痒如虫行（此属风痰）：辛夷 30 克，白附子、半夏、天花粉、白芷、僵蚕、玄参、赤芍各 15 克，薄荷 24 克。分作十剂服。

◆ **养生药膳：**

⊙ 辛夷粥

原料： 辛夷 10 克，粳米 50 克，白糖少许。

制法： 将辛夷洗净，放入砂锅中浸泡 1 小时后，小火煮熬 20 分钟后去辛夷取汁，用药汁煮粳米熬成粥。

用法： 每日早餐服用。

功效： 散风寒，通鼻窍。

适用： 头痛、鼻窦炎、鼻塞不通、齿痛等。

§ 藁本

别　　名：
香藁本、西芎、茶芎。

性　　味：
味辛，性温，无毒。

用量用法：
3～9克，水煎服。

主　　治：
疥癣，粉刺，酒糟鼻，风寒头痛，胃痉挛、腹痛，皮肤癌，神经性皮炎。

使用宜忌：
血虚头痛忌服。

《本经》：妇人疝瘕，阴中寒肿痛，腹中急，除风头痛，长肌肤，悦颜色。《别录》：辟雾露润泽，疗风邪曳金疮，可作沐药面脂。

◆ 原植物：

生长于山坡草丛或水滩边，也有栽培。伞形科植物藁本。

① 多年生草本，高可达1米以上。

② 根状茎呈不规则的团块状，有多数条状根，具浓香。茎中空，有纵沟。

③ 叶互生，叶柄长达20厘米，基部扩大成长鞘状，抱茎；二至三回羽状复叶，最终小叶5～9片，卵形，两侧不相等，边缘为不整齐的羽状浅裂或粗大锯齿状，上面脉上有乳头状凸起。

④ 多数小花聚成复伞形花序，伞幅16～20，不等长，总苞片常具3～5条形裂片；花萼缺；花瓣5，椭圆形至倒卵形，长约2毫米，宽约1毫米，先端全缘或微凹，中央有短尖突起，向内折卷，外面有短柔毛；雄蕊5，花丝细软弯曲；花柱2，细软而反折，子房卵形，下位。

⑤ 双悬果广卵形，稍侧扁，分果棱槽中各有油管3个，结合面有油管5个。

⑥ 花期7～8月，果期9～11月。

主要产地：分布于我国长江以南，主产于湖北、湖南、四川、陕西等省。

入药部位：根茎和根。

采收加工：秋季茎叶枯萎或次春出苗时采挖，除去泥沙，晒干或烘干。

◆ 精选验方：

① 头屑：藁本、白芷各等份，为末，夜掺发内，第二天早晨梳头，垢自去。

② 风寒头痛、巅顶痛：藁本、川芎、细辛、葱头各等份，水煎服。

③ 鼻上、面上赤：藁本研细末，先以皂角水擦动赤处，拭干，以冷水或蜜水调涂，干再用。

④ 疥癣：藁本煎汤浴之，及用浣衣。

◆ 养生药膳：

⊙ **美容祛雀斑膏**

原料：藁本、防风、零陵香各60克，白及、白附子、天花粉、绿豆粉各15克，甘松、三奈、茅香各15克，皂荚适量。

制法：先将皂荚去皮后，将上药共研细为末，白蜜和匀，贮瓶密封备用。

用法：随时涂擦面部，雀斑患处加少许力量或摩擦。

功效：祛风通络，祛除雀斑。

⊙ **芎藁蛤蜊排骨汤**

原料：川芎、藁本各2克，蛤蜊、排骨各250克，生姜适量。

制法：将川芎、藁本用干净纱布包裹后，与蛤蜊、排骨、生姜一起煮汤。服用时去药包，饮汤吃肉。

用法：每日1剂。

功效：对于治疗头痛有较好的调理作用。

玉竹

别　　名： 葳蕤、玉参、尾参、铃哨菜、小笔管菜、甜草根、靠山竹。

性　　味： 味甘，性微寒。

用量用法： 6～12克，水煎服。

主　　治： 滋阴润肺，养胃生津，燥咳，劳嗽，热病阴液耗伤之咽干口渴，内热消渴，阴虚外感，头昏眩晕，筋脉挛痛。

使用宜忌： 痰湿气滞者禁服，脾虚便溏者慎服。

《本经》：主中风暴热，不能动摇，跌筋结肉，诸不足。久服去面黑䵟，好颜色，润泽，轻身不老。《别录》：主心腹结气，虚热，湿毒腰痛，茎中寒及目痛眦烂，泪出。

◆ 原植物：

生长于山野阴湿、林下及灌丛中。百合科植物玉竹。

① 多年生草本，高30～60厘米。

② 根状茎横生，肥厚，黄白色，长柱形，直径10～15毫米，多节，节间长，密生多数须根。茎单一，稍斜立，具纵棱，光滑无毛，绿色，有时稍带紫红色。

③ 单叶互生，呈两列；叶柄短或几无柄；叶片椭圆形或窄椭圆形，长6～12厘米，宽3～5厘米，先端钝尖，基部楔形，全缘，上面绿色，下面粉绿色，中脉隆起。

④ 花腋生，单一或2朵生长于长梗顶端，花梗俯垂，长12～15毫米，无苞片；花被管窄钟形，绿白色，先端裂为6片；雄蕊6个，花丝白色，花药黄色，不外露；子房上位，3室，花柱单一，线形。

⑤ 浆果熟时紫黑色。

⑥ 花期4～5月，果期8～10月。

主要产地： 分布于东北、华北、西北及山东、安徽、河南、湖北、四川等地。

入药部位： 根茎。

采收加工： 秋季采挖，除去须根，洗净，晒干。

◆ 精选验方：

① 去面皱，驻颜：将玉竹切碎水煎，再将煎液熬稠；或用鲜玉竹压汁熬稠，药渣晒干研末，药汁和药渣共作丸，每早、晚各服 1 次，每次 5 克。

② 心悸、口干、气短、胸痛或心绞痛：玉竹、丹参、党参各 15 克，川芎 10 克，水煎服，每日 1 剂。

◆ 养生药膳：

⊙ 玉竹鸡

原料：玉竹 100 克，鸡肉 500 克。

制法：先将鸡肉洗净切成小块，玉竹洗净切段，同放锅内，再放入料酒、精盐、生姜适量，加清水适量，用文火炖 40 分钟后，加味精适量即可。食肉饮汤，分数次两天内食完。

功效：常服则可消除疲劳，强壮身体，延缓衰老，实为康复保健的常用良方。

⊙ 玉竹美容梨

原料：玉竹 10 克，鸭梨 1 只，调味料适量。

制法：将鸭梨的尖端削成一个盖状，挖去梨核后装入玉竹，并用牙签插住梨盖，将梨放入盅内。将盅放入锅内，加 3 杯水，隔水炖熟即可食用，食用时可饮汤食梨。

功效：滋润皮肤，去除内热。

§ 麦冬

性　　味：
味甘，性平，无毒。

主　　治：
6～15克，水煎服；或入丸、散、膏。外用：适量，研末调敷；煎汤涂；或鲜品捣汁搽。

用量用法：
阴虚燥咳、咯血，津少口渴，慢性支气管炎、咽炎、胃炎，萎缩性胃炎，糖尿病，肠燥便秘，皮肤干燥，粉刺。

使用宜忌：
虚寒泄泻、湿浊中阴、风寒或寒痰咳喘者均禁服。

别　　名：
麦门冬、寸门冬、杭麦冬、朱寸冬。

《本经》：心腹结气，伤中伤饱，胃络脉绝，羸瘦短气。《别录》久服轻身不老不饥。疗身重目黄，心下支满，虚劳客热，口干燥渴，还可止呕吐，愈痿蹶，强阴益精，消谷调中保神，定肺气，安五脏，令人肥健，美颜色，有子。

◆ **原植物：**

生长于土质疏松、肥沃、排水良好的壤土和沙质土壤。

百合科植物麦冬。

① 多年生草本植物，地上匍匐茎细长。

② 叶丛生，狭线形，草质，深绿色，平行脉明显，基部绿白色并稍扩大。

③ 花葶常比叶短，总状花序轴长2～5厘米，花1～2朵，生长于苞片腋内，花梗长2～4毫米，关节位于近中部或中部以上，花微下垂，花被片6枚，披针形，白色或淡紫色。

④ 浆果球形，成熟时深绿色或蓝黑色。

⑤ 花期5～8月，果期7～9月。

◆ **精选验方：**

① 悦泽面色、延年益寿：用鲜麦冬捣汁，加白蜜，于水浴蒸并捣烂，待成膏，每日1次，每次5～10克，温酒化服。

② 慢性咽炎：麦冬、玄参各30克，桔梗、前胡各12克，甘草3克，陈皮、牵牛子、杏仁各9克，川贝母10克。水煎取

主要产地： 分布于浙江、四川等地。

入药部位： 块根。

采收加工： 麦冬挖起后，剪下块根，洗净泥土，曝晒3～4日，堆通风处，使其反潮，蒸发水气，约3日，摊开再晒，如此反复2～3次。晒干后，除净须根杂质即可。

药汁，每日1剂，分2次服用。

③肠燥便秘，大便郁结：麦冬、生地黄、玄参各15克。水煎服，每日1剂。

◆ 养生药膳：

⊙ 益容"枸杞汤"方

原料： 麦冬汁2500毫升，枸杞汁、生地黄汁各1500毫升，杏仁（去皮研如膏）500克，人参（研末）90克，白茯苓（去皮研末）60克。

制法： 上药先将前四味煎煮如稀粥，后加入人参末、白茯苓末，捣烂成膏状，瓷器收贮。

用法： 每服半汤匙，空腹服时用温开水化服，每日2次。

功效： 益面容，使人有颜色。

⊙ 麦冬地黄粥

原料： 鲜麦冬汁，鲜生地汁各50毫升，生姜10克，薏苡仁15克，粳米50～100克。

制法： 先将薏苡仁、粳米及生姜放入砂锅，煮至将熟，兑入麦冬与生地汁，调匀，继续煮成稀粥即得。

用法： 每日1剂，于空腹时顿食。

功效： 益气养阴，清热生津，和胃化湿，悦颜色。

适用： 气阴不足、胃失和降之妊娠恶阻、呕吐厌食，或胃热津伤、胃气上逆之恶心欲呕、厌食纳差、脘腹嘈杂等。

§ 续断

别　名：	山萝卜。
性　味：	味苦，性微温，无毒。
用量用法：	9～15克，水煎服。
主　治：	续筋骨，调血脉。治腰背酸痛、足膝无力、跌打损伤。
使用宜忌：	怒气郁者禁用。

《日华子本草》：助气，调血脉，破症结瘀血，消肿毒。治面黄虚肿，胎漏，子宫冷。

《滇南本草图说》：治一切无名肿毒。

◆ 原植物

生长于土层深厚、肥沃、疏松的土壤中。川续断科植物川续断。

①多年生草本，高50～100厘米。茎直立，具棱和浅槽，密被白色柔毛，棱上有较粗糙的刺毛。

②叶对生；基生叶有长柄，多为羽状深裂或3裂，偶有完整不裂者；茎生叶多为3~5羽状分裂，中央裂片最大，椭圆形至椭圆状广卵形；两面密被白色贴伏的柔毛，背面叶脉上常有刺毛。

③头状花序球形或广椭圆形；总苞片数枚，线形；花萼浅盘状，密被细柔毛；花冠红紫色，4浅裂，裂片卵圆形；雄蕊4，着生长于花冠管的上部，微伸出或不伸出于花冠外；雌蕊1，子房下位，花柱细长。

④瘦果楔状长圆形，长5～6毫米，具4棱，淡褐色，花萼宿存。

⑤花期8～9月，果期9～10月。

主要产地：产于江西、湖南、湖北、广西、贵州、四川、云南、西藏等地。

入药部位：根。

采收加工：8～10月采挖，洗净泥沙，除去根头、尾梢及细根，阴干或炕干。

◆ 精选验方

①妊娠胎动两三月堕：川续断（酒浸）、杜仲（姜计炒去丝）各100克，为末，与枣同煮，杵和丸梧子大。每服39粒，米饮下。

②水肿：续断根，炖猪腰子食。

③女子不孕症：续断、当归各12克，杜仲、巴朝天、淫羊藿各9克。水煎服，每日1剂，连服1~3个月。

◆ 养生药膳

⊙ **泽兰膏**

原料：续断、细辛、皂荚、石南草、泽兰、厚朴、乌头、莽草、白术各100克，川椒120克，杏仁（去皮）60克。

制法：将上药以酒浸泡24小时，取炼成的猪油2000克，将猪油放入铜锅中煎，三上三下，成膏状，绞去药渣，取稀膏备用。

用法：取上药适量，涂在头发上。

功效：治头发花白。

⊙ **续断炖南蛇肉**

原料：续断、料酒各10克，生黄芪30克，南蛇（蟒蛇）肉500克，生姜9克，胡椒粉0.1克，盐、葱、猪油、味精适量。

制法：将蛇斩去头尾，剥去皮除内脏，洗净切成3厘米长、1.5厘米宽的片；生姜切成片，葱切成段。用冷水洗去续断、黄芪浮灰杂质，切片，放入砂锅，用清水浸泡，煎熬浓汁。将锅炒热下猪油30克，油至七成熟时，下入蛇肉翻炒，烹入料酒、盐，然后将蛇肉倒入砂锅内，加入姜片、葱段，用小火炖1小时，拣去葱姜、药渣，加入胡椒粉、味精，调好口味，稍煮一下即可食用。

用法： 佐餐食用。

功效： 补虚散寒。

适用： 久病气虚者食用。

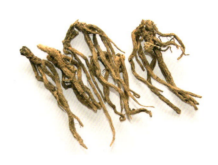

淫羊藿

别　　名：
三枝九叶草、仙灵脾、牛角花、三叉风、羊角风、三角莲。

性　　味：
味辛，性寒，无毒。

用量用法：
3～9克，水煎服；浸酒、熬膏或入丸、散。外用：煎水洗。

主　　治：
肾虚阳痿，腰膝酸软，肺肾两虚，喘咳短气。

使用宜忌：
阴虚而相火易动者禁服。

《本经》：利小便，益气力，强志，甘温益阳气，故主阴痿绝阳。《医学入门》：补肾虚，助阳。治四肢皮肤不仁。《日华子本草》：治一切冷风劳气，女子绝阴无子。

◆ 原植物

生长于竹林下及路旁岩石缝中。小檗科植物箭叶淫羊藿。

① 常绿多年生草本，高10～40厘米。

② 根状茎匍匐，呈结节状，质硬，多须根。

③ 基生叶 1~3，三出复叶，叶柄细长，长约 15 厘米；小叶片卵状披针形，长 4~9 厘米，先端急尖或渐尖，基部心形，两侧小叶片基部呈不对称心形浅裂，边缘有细刺毛。

④ 春季开小花，集成圆锥花序或顶生总状花序；萼片 8，排列为 2 轮，外轮较小，外面有紫色斑点，内轮白色，呈花瓣状；花瓣 4，黄色；雄蕊 4；心皮 1。

⑤ 蓇葖果卵圆形，种子数粒，肾形黑色。

⑥ 花期 2~3 月，果期 4~5 月。

主要产地： 分布于陕西、甘肃、江苏、安徽、浙江、江西、福建、台湾、湖北、广西、广东、四川、云南等省区。

入药部位： 全草

采收加工： 夏、秋采收，割取茎叶，除去杂质，晒干。

◆ 精选验方

①肝肾阴虚崩漏：姜黄 6 克，菟丝子、淫羊藿、桑寄生各 12 克，钩藤 9 克。水煎服。每日 1 剂，分 3 次服用。

②更年期综合征：淫羊藿、仙茅各 15 克，当归、巴戟天、黄柏、知母各 9 克。水煎服，每日 1 剂。

◆ 养生药膳

⊙ 淫羊藿酒

原料： 淫羊藿 60 克，白酒 500 毫升。

制法： 将淫羊藿加工破碎，用细纱布装好，扎紧口，置于干净瓶中。将白酒倒入瓶中，加盖密封，置放于阴凉干燥处。每日摇动数下，经 7 日后即可开封取饮。

用法： 每日晚临睡前饮服 10~15 毫升。

功效： 补肾阳，强筋骨，祛风湿。

适用： 肾阳亏虚所致的男子阳痿不举、女子宫寒不孕、筋骨无力、腰膝软弱等。

⊙ 淫羊藿炒鹿肉

原料： 淫羊藿、枸杞子各 20 克，鹿肉 250 克。

制法： 淫羊藿洗净加水蒸 20 分钟取汁；鹿肉去筋膜切成片上浆，锅内放油烧热滑熟鹿肉控去油，锅内留底油爆香葱姜下入鹿肉、药汁、枸杞子、盐、味精、胡椒粉翻炒均匀，勾少许芡即可。

用法： 佐餐食用。

功效： 补肾壮阳，强筋健骨，补五脏。

适用： 腰膝酸软、肺肾两虚。

§ 锁阳

别　　名：
不老药、地毛球、锈铁棒、锁严子。

性　　味：
味甘，性温，无毒。归脾、肾、大肠经。

用量用法：
4.5～9克，水煎服；入丸、散或熬膏。

主　　治：
肾阳不足及精血亏虚所致的阳痿、遗精、腰膝酸软、筋骨无力、肾虚阳痿、性机能减退。

使用宜忌：
泄泻及阳易举而精不固者忌之。

《本草衍义补遗》：补阴气。《本草原始》：补阴血虚火，兴阳固精，强阴益髓。《内蒙古中草药》：治阳痿遗精、腰腿酸软、神经衰弱、老年便秘。《纲目》：润燥养筋，治痿弱。

◆ 原植物

生长于干燥多沙地带，多寄生长于白刺的根上。

锁阳科植物锁阳。

① 多年生肉质寄生草本。

② 地下茎粗短，具有多数瘤突吸收根。茎圆柱形，暗紫红色，高20～100厘米，径3～6厘米，大部分埋于沙中，基部粗壮，具鳞片状叶。

③ 鳞片状叶卵圆形、三角形或三角状卵形，长0.5～1厘米，宽不及1厘米，先端尖。

④ 穗状花序顶生，棒状矩圆形，长5～15厘米，直径2.5～6厘米；生密集的花和鳞状苞片，花杂性，暗紫色，有香气，雄花有2种：一种具肉质花被5枚，长卵状楔形，雄蕊1，花丝短，退化子房棒状；另一种雄花具数枚线形、肉质总苞片，无花被，雄蕊1，花丝较长，无退化子房；雌花具数枚线状、肉质总苞片；其

中有1枚常较宽大，雌蕊1，子房近圆形，上部着生棒状退化雄蕊数枚，花柱棒状；两性花多先于雄花开放，具雄蕊雌蕊各1，雄蕊着生于子房中部。

⑤ 小坚果，球形，有深色硬壳状果皮。

⑥ 花期5～6月，果期8～9月。

主要产地： 分布于内蒙古、甘肃、青海等地。

入药部位： 肉质茎。

采收加工： 春、秋采收，以春季采者为佳。挖出后除去花序，置沙滩中半埋半露，晒干即成。少数地区趁鲜时切片晒干。

◆ 精选验方

① 气虚便秘：锁阳、桑椹各15克，蜂蜜30克。将锁阳（切片）与桑椹水煎取汁，入蜂蜜搅匀，每日1剂，分2次服用。

② 二度子宫下垂：锁阳25克，木通、车前子、甘草、五味子各15克，大枣3个，水煎服。

③ 白带：锁阳25克，沙枣树皮15克，水煎服。

◆ 养生药膳

⊙ **锁阳粥**

原料： 锁阳15克，大米50克。

制法： 将锁阳择净，放入锅中，加清水适量，浸泡5～10分钟，水煎取汁，加大米煮粥服食。

用法： 每日1剂，连续3～5日。

功效： 补肾壮阳，润肠通便。

适用： 肾阳不足及精血亏虚所致的阳痿、遗精、不孕、腰膝酸软、筋骨无力等。

⊙ **锁阳菟丝子炖乳鸽**

原料： 锁阳12克，菟丝子、杞子、肉苁蓉各9克，乳鸽1只，猪瘦肉100克，生姜3片。

制法： 各中药漂洗净；乳鸽宰洗净；猪瘦肉洗净，切块。一起与生姜下炖盅，加冷开水1000毫升（约4碗量），加盖隔水炖2个半小时即成。

用法： 进饮时方下盐，可供2～3人用。

功效： 补肾强身，益精养血。

适用： 肾虚阳痿，腰膝酸软。

第三章 祛除痤疮中草药妙用

§ 枇杷

别　　名：
炙杷叶、毛枇杷叶、炙枇杷叶、蜜枇杷叶、炒枇杷叶。

性　　味：
味苦，性平，无毒。

用量用法：
6～9克，水煎服。

主　　治：
支气管炎，上呼吸道感染，痰热阻肺型肺癌，药物性便秘，哮喘，粉刺。

使用宜忌：
脾虚腹泻者不宜。枇杷仁含有氢氰酸，易引起中毒，忌食。

《本草纲目》：和胃降气，清热解暑毒，疗脚气。《别录》：卒呃不止，下气，煮汁服。

◆ **原植物：**

原产于四川山地，现多为栽培。蔷薇科植物枇杷。

① 常绿小乔木，高5～10米。

② 小枝粗壮，密被锈色绒毛。

③ 治面上生疮：枇杷叶适量，布擦去毛，炙干，为末，食后茶汤调下6克。

④ 治肺风粉刺、鼻齇，初起红色：枇杷叶（去毛刺）240克，黄芩（酒炒）、天花粉各120克，甘草30克，共为末，新安酒跌丸，桐子大，每服4.5克，临睡前用白滚汤、茶汤俱可送下，忌火酒、煎炒。

⑤ 梨果球形或椭圆形，直径2～5厘米，橙黄色。种子1～5粒，扁圆形，深棕色，光亮。

⑥ 花期9～11月，果期次年4～5月。

主要产地： 分布于陕西、甘肃、江苏、安徽、浙江、江西、福建、河南、湖北、湖南、广西、广东、四川、贵州和云南等省区。

入药部位： 叶。

采收加工： 枇杷果实因成熟不一致，宜分次采收。

◆ 精选验方：

① 痤疮：枇杷叶、桑白皮各15克，黄连、黄芩、黄柏、党参、益母草、甘草各9克，水煎服。

② 粉刺：枇杷叶、桑叶各15克，竹叶10克，每天1剂，水煎，分2次服。

◆ 养生药膳：

⊙ 消斑饮

原料：枇杷叶、川芎、黄芩各12克，生地黄、赤芍、当归各15克，桃仁、红花、牡丹皮各10克，甘草3克。

制法：水煎服。

用法：每日1剂。

功效：治酒渣鼻。

⊙ 枇杷栀子方

原料：鲜枇杷叶、栀子仁各等份。

制作：将鲜枇杷叶去叶背之绒毛，研末；栀子仁研末。两末相合备用。

服法：每次服6克，温酒10毫升送下，每日3次。

功效：清热，解毒，凉血。

适用：酒糟鼻、毛囊虫皮炎。

§ 黄连

别　名：

川连、味连、鸡爪连。

性　味：

味苦，性寒，无毒。

性　味：

1.5～3克，水煎服；研末，每次0.3～0.6克；或入丸、散。外用：适量，研末调敷；或煎水洗；或熬膏；或浸汁用。

用量用法：

痈疖疮疡、痛疮、湿疮、耳道流脓、痔疮、痢疾、吐血、衄血、发斑、烧伤、心肾不交之不寐。

使用宜忌：

胃虚呕恶、脾虚泄泻、五更肾泻，均应慎服。

《本经》：热气，目痛眦伤泣出，明目，肠澼腹痛下痢，妇人阴中肿痛。久服令人不忘。《别录》：主五脏冷热，久下泄澼脓血，止消渴大惊，除水利骨，调胃厚肠益胆，疗口疮。

◆ **原植物：**

生长于山地林中潮湿处。也有较大量栽培。

毛茛科植物黄连。

① 多年生草本，高20～50厘米。根状茎细长柱状，常有数个粗细相等的分枝成簇生长，形如鸡爪，节多而密，生有极多须根，在栽培时有时两节之间的节间伸长成较细而光滑无根的杆状部分，栽培上俗称"跳杆"、"过桥"或"过江枝"，外皮棕褐色，折断面皮部红棕色，木部金黄色，味极苦。

② 叶片坚纸质，三角卵形，长3～8厘米，宽2.6～7厘米，3全裂，中央全裂片有小叶柄，裂片菱状窄卵形，羽状深裂，边缘有锐锯齿，两侧全裂片无柄，不等的二深裂。

③ 白绿色小花，花葶1～2条，高12～25厘米；顶生聚伞花序有3～8花；苞片披针形，羽状深裂，中央裂片羽状深裂；萼片5，窄卵形，长9～12毫米；花瓣小，倒披针形，长5～7毫米，中央有蜜槽；雄蕊多数，长3～6毫米；心皮8～12，有柄。

④ 蓇葖果长 6~8 毫米，有细长子房柄，8~12 个集生长于增长的小花梗上。

⑤ 花期春季。

主要产地： 分布于陕西南部、安徽、浙江、江西、福建、湖北、湖南、广西、广东、四川、贵州等省区。

入药部位： 根茎。

采收加工： 秋季采挖，除去须根及泥沙，干燥，撞去残留须根。

◆ 精选验方：

① 痔疮：黄连 100 克，煎膏，加入等份芒硝、冰片 5 克，痔疮敷上即消。

② 黄疸：黄连 5 克，茵陈 15 克，栀子 10 克，水煎服。

③ 痈疮、湿疮、耳道流脓：黄连研末，茶油调涂患处。

④ 热病吐血、衄血，发斑，疮疡疔毒：（黄连解毒汤）黄连 10 克，黄芩、黄柏、栀子各 15 克，水煎服。

⑤ 痈疖疮疡：黄连、黄芩、黄柏各等量，共研细末，撒敷伤口，或加凡士林适量，调成膏状敷患处。

⑥ 烧伤：黄连、黄柏、黄芩、地榆、大黄、寒水石各 50 克，冰片 0.5 克。共研细粉，以 40% 药粉加 60% 香油调成糊状。先用 1% 冰片溶液浸泡伤口 3~10 分钟，即将上药用棉签蘸涂创面，敷药期间可暴露创面。

◆ 养生药膳：

⊙ 黄连鸡子炖阿胶

原料： 黄连、生白芍各 10 克，阿胶 50 克，鲜鸡蛋（去蛋清）2 枚。

制法： 先将黄连、生白芍加水煮取浓汁约 150 毫升，然后去药渣；再将阿胶加水 50 毫升，隔水炖化，把药汁倒入用慢火煎膏，将成放入蛋黄拌匀即可。

用法： 每晚睡前服 1 次。

功效： 滋阴养血，交通心肾。

适用： 心肾不交之不寐。

⊙ 黄连白头翁粥

原料： 黄连 10 克，粳米 30 克，白头翁 50 克。

制法： 将黄连、白头翁入砂锅，加清水 300 毫升，浸透，煎至 150 毫升，去渣取汁。粳米加水 400 毫升，煮至米开花时，对入药汁，煮成粥，待食。

用法： 每日 3 次，温热服食。

功效： 清热，凉血，解毒。

适用： 中毒性痢疾，症见起病暴急、痢下鲜紫脓血、腹痛里急后重尤甚、壮热烦躁等。

§ 黄皮树

别　　名： 川黄柏、川柏、黄檗、元柏、檗木。

性　　味： 味苦，性寒。

用量用法： 3～12克，水煎服；或入丸散。外用适量，研末调敷，或煎水洗，或熬膏，或浸汁用。

主　　治： 黄水疮，口舌生疮，痢疾，肠炎，结膜炎，溃疡，足膝肿痛，湿疹瘙痒，酒渣鼻。

《本草拾遗》：主热疮疱起。煎服。

◆ 原植物：

生长于山上沟边的杂木林中。芸香科植物黄皮树。

① 落叶乔木，高10～15米。

② 树皮无加厚的木栓层。

③ 小叶7～15片，长圆状披针形至长圆状卵形，上面仅中脉被毛，下面被长柔毛。

④ 黄绿色花，花单性，雌雄异株；花序圆锥状；花小，直径约4毫米，萼片5，卵形，先端急尖；花瓣5，长圆形；雄花有雄蕊5，伸出花瓣外；雌花退化雄蕊呈鳞片状，雌蕊1，子房倒卵形，5室，花柱短，柱头5裂。

⑤ 浆果状核果圆球形，熟时紫黑色。

⑥ 花期夏季。

主要产地： 分布于陕西、甘肃、湖北、广西、四川、云南等省区。

入药部位： 树皮。

◆ 精选验方：

① 黄水疮：黄皮树树皮、煅石膏各30克，枯矾12克，共研细粉，茶油调涂患处，每日1～2次。

② 口舌生疮：捣黄皮树树皮含之。

③ 小儿脐疮不合：黄皮树树皮末涂之。

④ 烧烫伤：黄皮树树皮、地榆、白及各等量，焙干研粉，香油（麻油）调成稀糊

状，外敷创面。

◆ 养生药膳

⊙ 丹参黄柏酒

原料：丹参30克，黄柏10克，白酒0.5千克。

制法：将丹参、黄柏泡入白酒中，7天后服用，每次20～30毫升，每日2～3次。

功效：养颜活血，清热泄毒。

适用：美容养颜。

⊙ 黄柏煎

原料：黄柏10克。

制法：将黄柏放入锅中，加入适量清水煎煮30分钟，取汁服用。

用法：每日1剂，分2次温服。

功效：解毒疗疮。

适用：痤疮。

§ 玄参

性　　味：
味苦，性微寒，无毒。

主　　治：
9～15克，水煎服；或入丸、散。外用：适量，捣敷或研末调敷。

主　　治：
瘰疬，发斑发疹，痈肿疮毒，烦热口渴，夜寐不安，神昏谵语，咽喉肿痛，脾虚胃热，大便秘结，干咳少痰，痰中带血，烦热盗汗，咽干音哑，感冒咳嗽。

使用宜忌：
脾胃有湿及脾虚便溏者忌服。

别　　名：
元参、乌元参、黑参。

《本经》：腹中寒热积聚，女子产乳余疾，补肾气，令人明目。热风头痛，伤寒劳复。治暴结热，散瘤瘘瘰疬（甄权）。

◆ 原植物：

生长于竹林、溪旁、丛林及高草丛中。玄参科植物玄参。

① 多年生草本，高60～120厘米。
② 根圆锥形或纺锤形，长达15厘米，下部常分叉，外皮灰黄褐色，干时内部变黑。

茎直立，四棱形，常带暗紫色，有腺状柔毛。

③叶对生，近茎顶者互生，有柄，向上渐短；叶片卵形至卵状披针形，长7～20厘米，宽3.5～12厘米，先端略呈渐尖状，基部圆形或宽楔形，边缘具细密锯齿，无毛或下面脉上有毛。

④花序顶生，聚伞花序疏散开展，呈圆锥状；花梗细长，有腺毛；萼钟形，5裂；花冠管壶状，有5个圆形裂片，雄蕊4个，二强，另一个退化雄蕊呈鳞片状，贴生在花冠管上；雌蕊1枚，子房上位，花柱细长，柱头短裂。

⑤蒴果卵圆形，端有喙，稍超出宿萼之外。

⑥花期7～8月。

主要产地： 主产于浙江、重庆南川。

入药部位： 根。

采收加工： 立冬前后采挖，除去茎、叶、须根，刷净泥沙，曝晒5～6日，并经常翻动，每晚须加盖稻草防冻（受冻则空心），晒至半干时，堆积2～3日，使内部变黑，再行日晒，并反复堆、晒，直至完全干燥。阴雨天可采取烘干法。本品易反潮，应贮于通风干燥处，防止生霉和虫蛀。

◆ 精选验方：

①热毒壅盛、气血两燔、高热神昏、发斑发疹：玄参、甘草各10克，石膏30克，知母12克，水牛角60克，粳米9克，水煎服。

②治热疮：玄参、乌头（裂炮，去皮脐）、何首乌、苦参各60克，丁香一分。捣筛为末，面糊丸，如梧桐子大。每服二三十丸，空腹盐汤送下。

◆ 养生药膳：

⊙ 五参圆

原料： 人参、丹参各3克，苦参、沙参、玄参各30克，胡桃仁15克。

制法： 为末，用胡桃仁重杵碎为丸，每服三十丸，茶汤送下。

用法： 每日3服，饭后服用。

功效： 清热凉血，滋阴解毒。治酒刺、面疮。

⊙ 玄参粥

原料： 玄参15克，大米100克，白糖适量。

制法： 将玄参洗净，放入锅中，加清水适量，水煎取汁，再加大米煮粥，待熟时调入白糖，再煮一、二沸即成。

用法： 每日1剂。

功效： 凉血滋阴，解毒软坚。

适用： 温热病热入营血所致的烦热口渴、夜寐不安、神昏谵语、发斑及咽喉肿痛等。

§ 黄芪

别　　名： 绵芪、绵黄芪。

性　　味： 甘，温。归肺、脾、肝、肾经。

用量用法： 9～30克。

主　　治： 气虚乏力，食少便溏，中气下陷，久泻脱肛，便血崩漏，表虚自汗，气虚水肿，痈疽难溃，久溃不敛，血虚萎黄，内热消渴，慢性肾炎蛋白尿，糖尿病。

使用宜忌： 表实邪盛、气滞湿阻、食积停滞、痈疽初起或溃后热毒尚盛等实证，以及阴虚阳亢者，均须禁服。

《神农本草经》：主痈疽，久败疮，排脓止痛。补虚，小儿百病。《日华子本草》：助气壮筋骨，长肉补血。

◆ 原植物：

生长在土层深厚、肥沃、疏松、透水性能好的砂质壤土。

豆科植物蒙古黄芪。

① 多年生草本，茎直立，上部有分枝。

② 奇数羽状复叶互生，小叶12～18对；小叶片广椭圆形或椭圆形，下面被柔毛；托叶披针形。

③ 总状花序腋生；花萼钟状，密被短柔毛，具5萼齿；花冠黄色，旗瓣长圆状倒卵形，翼瓣及龙骨瓣均有长爪；雄蕊10，二体；子房有长柄。

④ 荚果膜质，半卵圆形，无毛。

⑤ 花期6～7月，果期7～9月。

主要产地： 主产于中国的内蒙古、山西、黑龙江等地。

入药部位： 干燥根。

采收加工： 春、秋两季采挖，除去须根及根头，晒干，切片，生用或蜜炙用。

◆ 精选验方

① 酒疸黄疾心下懊痛，足胫满，小便黄，饮酒发赤黑黄斑，由大醉当风，入水所致：黄芪100克，木兰50克，为末，酒服方寸匕，每日3服。

② 肥胖、疲倦乏力：诸药相合，共奏渗湿祛痰，益气健脾，黄芪10克，大黄5克，茯苓15克，葛根7.5克，丹参5克，陈皮7.5克，泽泻10克，白芥子7.5克，荷叶5克，甘草2.5克。水煎服。

◆ 养生药膳

⊙ 黄芪茶

原料：黄芪60～90克，红枣30克。

制法：以上2味加水煎煮30分钟。

用法：每日1剂，代茶饮。

功效：补气扶正。

适用：面色不华、疲乏无力、气短汗出等。

⊙ 黄芪红枣茶

原料：黄芪3～5片，红枣3粒。

制法：温水泡发红枣，洗净后去核，黄芪和红枣用清水浸泡20～30分钟。点火，煮滚以后转小火煮20分钟以上（不要用电磁炉，要用明火）。

用法：代茶饮，每日1～2剂，不拘时间。

功效：有效排除体内的毒素，美容养颜。

§ 党参

别　　名：
东党、台党、潞党、口党。

性　　味：
性平，味甘、微酸。归脾、肺经。

用量用法：
每日15～30克。煎汤，煎膏滋，入粥、饭、菜肴。

主　　治：
脾肺虚弱，气短心悸，食少便溏，虚喘咳嗽，内热消渴。

使用宜忌：
气滞、怒火盛者禁用。

《本草从新》：补中益气，和脾胃除烦渴。《科学的民间药草》：补血剂。适用于慢性贫血，萎黄病。《本草正义》：党参力能补脾养胃，润肺生津，健运中气。《纲目拾遗》：治肺虚，益肺气。

◆ 原植物

生长于山地灌木丛间及林缘、林下。桔梗科植物党参。

① 多年生缠绕草本，长1~2米，幼嫩部分有细白毛，折断有乳汁。根长圆锥状柱形，直径1~1.7厘米，顶端有一膨大的根头，习称"狮子盘头"，具多数瘤状茎痕，下端分枝或不分枝，外皮灰黄色至灰棕色，茎细长而多分枝。

② 叶互生、对生或假轮生，有细长的柄；叶片卵形或广卵形，长1~7厘米，宽0.8~5.5厘米，先端钝或尖，基部圆形或微心形，边近全缘或浅波状，上面绿色，下面粉绿色，两面有毛。

③ 单生叶腋，有梗；花萼绿色，具5裂片，裂片长圆状披针形；花冠广钟状，直径2~2.5厘米，浅黄绿色，有污紫色小斑点，先端5裂，裂片三角形至广三角形，直立；雄蕊5，花丝中部以下扩大；子房上位，3室，胚珠多数，花柱短，柱头3。

④ 蒴果圆锥形，近基部有宿存增大花萼，种子无翅。

⑤ 花期8~9月。

主要产地：主产于辽宁、吉林、黑龙江、山西、陕西、甘肃、宁夏、四川等省区；在河北、山西、河南等省有栽培。东北产者称东党，西北产者称西党，山西野生者称台党，山西栽培者称潞党。

入药部位：根。

采收加工：党参移栽，当年秋天即可采种。开花结果后，果实变褐色时采种，逐次采收产量高，一次性的采收产量低。种子干燥后，放于通风处。每公顷采收种子150~225千克。

◆ 精选验方：

① 中气不足，内脏下垂：党参、炙黄芪各15克，白术9克，升麻5克，水煎服，每日1剂。

② 补元气、开声音、助筋力：党参500克（软甜者，切片），沙参250克（切片），桂圆肉200克。水煎浓汁，滴水成珠，用磁器盛贮。每用一酒杯，空心滚水冲服。

◆ 养生药膳

⊙ **党参茶**

原料：蜜炙党参10～25克，红茶1～1.5克。

制法：混合后用沸水冲泡5分钟即成。

用法：每日1剂，分3次温饮。

功效：健胃祛痰，益气补血。

适用：营养不良性贫血。

⊙ **兔肉健脾汤**

原料：兔肉250克，红枣、淮山药各30克，枸杞子25克，党参、黄芪各15克，盐、料酒、味精、酱油、葱段、姜片、鸡汤、植物油各适量。

制法：将兔肉洗净切条，分别将山药、枸杞子、党参、黄芪、红枣洗净，将山药、党参、黄芪润透切片。将红枣去核，将兔肉、葱、姜放入烧热的油锅中炒，炒至兔肉水干烹入料酒，注入鸡汤，加入山药、党参、黄芪、枸杞子、红枣、盐共煮，煮至兔肉熟烂，加味精调味即可。

用法：食肉饮汤，宜常用。

功效：补中益气，健脾益胃，润肤，延缓衰老。

§ 银耳

别名：
雪耳、白木耳、白耳子。

性味：
味甘、淡，性平，无毒。归肺、胃、肾经。

用量用法：
内服：煎汤，3～10克；或炖冰糖、肉内服。

主治：
虚劳咳嗽，痰中带血，津少口渴，病后体虚，气短乏力。

使用宜忌：
风寒咳嗽者及湿热酿痰致咳者禁用。

《本草诗解药性注》：银耳，有麦冬之润而无其寒，有玉竹之甘而无其腻，诚润肺滋阴之要品。《增订伪药条辨》：治肺热肺燥，干咳痰嗽；衄血，咯血，痰中带血。

◆ 原植物

夏、秋季生长于阔叶树腐木上。全国大部分地区均有栽培。

银耳科植物银耳。

① 银耳实体白色至乳白色，胶质，半透明，柔软有弹性。

② 由数片至10余片瓣片组成，形似菊花形、牡丹形或绣球形，直径3～15厘米，干后收缩，角质，硬而脆，白色或米黄色。

③ 担子近球形或近卵圆形，纵分隔，（10～12）×（9～10）毫米。

④ 夏、秋季生长于阔叶树腐木上。国内人工栽培使用的树木为椴木、栓皮栎、麻栎、青刚栎、米槠等一百多种。

主要产地：野生长于我国四川、贵州、湖北、福建、浙江、黑龙江等地。

入药部位：子实体。

采收加工：采收时间6～10月，以上午为佳，应从基部采收干净，采后及时摊在竹席等铺垫物上进行晾晒。

◆ 精选验方

① 雀斑、黄褐斑：银耳30克，猕猴桃1个，冰糖适量，水炖服。

② 神经性皮炎、稻田皮炎、接触性皮炎、各种皮癣、疥疮、湿疹、外阴瘙痒：银耳5克，用凉开水洗净，放进玻璃瓶内，适量凉开水，密封浸泡一天后，外涂。

◆ 养生药膳

⊙ 银杞明目汤

原料：银耳、枸杞各15克，鸡肝100克，茉莉花24朵，料酒、姜汁、盐各适量。

制法：将鸡肝洗净，切成薄片，放入碗内，加料酒、姜汁、盐拌匀待用。银耳洗净，撕成小片，用清水浸泡待用；茉莉花择去花蒂，洗净，放入盘中；枸杞洗净待用。将锅置火上，加入清汤、料酒、姜汁、盐和味精，随即下入银耳、鸡肝、枸杞烧沸，撇去浮沫，待鸡肝刚熟，装入碗内，将茉莉花撒入碗内即成。

功效：补肝益肾、明目养颜。

适用：阴虚所致的视物模糊、两眼昏花、面色发黄等。

⊙ 银耳雪梨汤

原料：银耳30克，雪梨50克，瘦肉100克，蜜枣1个。

制法：将瘦肉洗净，沸水略煮后切块。

与洗净的银耳和切块的雪梨、蜜枣放入炖锅内,加水 300 毫升,隔水炖 1 小时即可。

功效: 养阴润肺,生津润肠,嫩肤美容。

适用: 肺燥干咳、心烦不寐。

§ 白扁豆

别　　名:
火镰扁豆、蛾眉豆、扁豆子、茶豆。

性　　味:
味甘,性微温,无毒。归脾、胃经。

用量用法:
9～15 克,水煎服。

主　　治:
脾胃虚弱,食欲不振,大便溏泻,白带过多,暑湿吐泻,胸闷腹胀。

使用宜忌:
患寒热病者,不可食。

《本草纲目》:入太阴气分,通利三焦,能化清降浊,故专治中宫之病,消暑除湿而解毒也。《中国药典》:健脾胃,清暑湿。用于脾胃虚弱、暑湿泄泻、白带。

◆ 原植物

全国各地均有栽培。

豆科植物扁豆。

① 一年生缠绕草本,长达 6 米。

② 茎近光滑。

③ 叶为三出复叶,互生;叶柄长 4～12 厘米;托叶细小,三角状卵形,长约 3 毫米,中央的小叶柄较长,两侧的较短,小托叶条状披针形,均被毛;小叶片广宽卵形,长 5～9 厘米,宽 4～8 厘米,先端尖,基部广楔形或截形,全缘,两面均疏被短柔毛,沿叶脉处毛较多,主脉三出。

④ 总状花序腋生,通常 2～4 朵聚生在一处;总花梗长 6～17 厘米,小花梗长

约3毫米；花萼筒状，沿萼齿边缘密被白色柔毛；花冠蝶形，白色；雄蕊10个，二体；子房条形，被柔毛，基部有腺体，花柱与子房呈直角状弯曲，沿内侧密被白色长柔毛。

⑤ 荚果扁平略弯曲，长5~8厘米，宽1~3厘米，顶上具一向下弯曲的喙，边缘粗糙。种子2~5粒，白色，长方状扁圆形。通常长9~12毫米，直径7~9毫米。干燥品表面黄白色，平滑，略有光泽，一侧边缘具白色隆起的种柄，长7~10毫米，剥去后可见凹陷的种脐。

⑥ 花期7~8月，果期8~10月。

主要产地：以安徽、陕西、湖南、河南及山西等省的产量较大。

入药部位：种子。

采收加工：立冬前后摘取成熟荚果，晒干，打出种子，再晒至全干。

◆ 精选验方

①脾虚水肿：炒扁豆30克，茯苓15克，研为细末，每次3克，加红糖适量，用沸水冲调服。

②治恶疮连痂痒痛：扁豆适量，捣封，痂落即差。

◆ 养生药膳

⊙ 扁豆花粥

原料：白扁豆花10~15克，粳米60克。

制法：先将粳米洗净，兑水煮成稀粥，待粥将熟时，放入扁豆花，改用慢火，稍煮片刻即可。

用法：温热服食，每日1~2次。

功效：清热化湿，健脾和胃。

适用：夏季感受暑热、发热、心烦、胸闷、吐泻及赤白带下等。

⊙ 山药红枣粥

原料：白扁豆50克，山药100克，山楂条、葡萄干各20克，红枣5颗，去心莲子十几颗。

制法：先将白扁豆、红枣浸泡，然后将白扁豆的表皮剥去、红枣去核、山药切丁；其次将白扁豆和山药、莲子一起放入砂锅里煮，直到煮得酥软；最后将山楂条、葡萄干加入煮3分钟即可。

功效：补气血，红润面色。

适用：运化功能较弱、脾胃虚弱者。

§ 甘草

别　　名：
甜草根、红甘草、粉甘草、粉草。

性　　味：
味甘，性平，无毒。归心、肺、脾、胃经。

用量用法：
2～10克，水煎服；或入丸、散。外用：研末掺或煎水洗。

主　　治：
脾胃虚弱，倦怠乏力，心悸气短，咳嗽痰多，脘腹、四肢挛急疼痛，痈肿疮毒。

使用宜忌：
不宜与京大戟、芫花、甘遂同用。实证中满腹胀忌服。

《珍珠囊》：补血，养胃。《名医别录》：温中下气，烦满短气，伤脏咳嗽，止渴，通经脉，利血气，解百药毒。

◆ 原植物

生长于干燥草原及向阳山坡。

豆科植物甘草。

① 多年生草本，高30～100厘米。根粗壮，呈圆柱形，味甜，外皮红棕色或暗棕色。茎直立，基部带木质，被白色短毛和刺毛状腺体。

② 单数羽状复叶互生，叶柄长约6厘米，托叶早落；小叶7～17片，卵状椭圆形，长2～5.5厘米，宽1～3厘米，先端钝圆，基部浑圆，两面被腺体及短毛。

③ 总状花序腋生，花密集；花萼钟状，被短毛和刺毛状腺体；蝶形花冠淡红紫色，长1.4～2.5厘米，旗瓣大，矩状椭圆形，基部有短爪，翼瓣及龙骨瓣均有长爪，二体雄蕊。

④ 荚果条状长圆形，常密集，有时呈镰状至环状弯曲，宽6～9毫米，密被棕色刺毛状腺体；种子2～8粒，扁圆形或稍肾形。

⑤ 花期夏季。

主要产地： 分布于东北、华北及陕西、甘肃、青海、新疆、山东等地区。

入药部位： 根和根茎。

采收加工： 春、秋两季采挖，除去须根，晒干。

◆ **精选验方**

①治汤火灼疮：甘草适量，煎蜜涂。

②痘疮烦渴：粉甘草（炙）、瓜蒌根各等份。水煎服。

◆ **养生药膳**

⊙ 芍药甘草羊肉汤

原料： 甘草、白芍各15克，通草9克，羊肉1500克。

制法： 将甘草、白芍、通草等用纱布包裹，与洗净切成小块的羊肉同放入砂锅，加水煎煮至肉熟汤香，弃纱布包，捞起羊肉，留汤备用。

用法： 佐餐食用。

功效： 补益精血，缓急止痛。

适用： 精血亏虚，寒滞经脉之产后少腹冷痛、神疲倦怠、腰膝酸软、四肢不温、面色淡白或萎黄、心悸失眠或中风偏瘫等。

§ 刺五加

别　　名： 刺拐棒、老虎镣子、刺木棒、坎拐棒子。

性　　味： 味辛、微苦，性温。归脾、肾、心经。

用量用法： 9～27克，水煎服。

主　　治： 益气健脾，补肾安神。用于脾肾阳虚，体虚乏力，食欲不振，腰膝酸痛，失眠多梦。

使用宜忌： 阴虚火旺者忌用。

《名医别录》：补中，益精，坚筋骨，强意志。《实用补养中药一书》：具有补虚扶弱的功效，可用来预防或治疗体质虚弱之症候，滋补强壮，延年益寿。

◆ 原植物

生长于海拔 500～2000 米的落叶阔叶林、针阔混交林的林下或林缘。

五加科植物刺五加。

① 落叶灌木，高达 2 米。

② 茎通常密生细长倒刺。

③ 掌状复叶，互生；大叶柄长 3.5～12 厘米，有细刺或无刺；小叶 5，稀 4 或 3，小叶柄长 0.5～2 厘米，被褐色毛；叶片椭圆状倒卵形至长圆形，长 7～13 厘米，宽 2～6 厘米，先端渐尖或突尖，基部楔形，上面暗绿色，下面淡绿色，沿脉上密生淡褐色毛，边缘具重锯齿或锯齿。

④ 伞形花序顶生，单个或 2～4 个聚成稀疏的圆锥花序，总花梗长达 8 厘米；花梗 1～2 厘米；萼筒绿色，与子房合生，萼齿 5；花瓣 5，卵形，黄色带紫；雄蕊 5；子房 5 室，花柱细柱状。

⑤ 核果浆果状，紫黑色，近球形，花柱宿存，种子 4～6，扁平，新月形。

⑥ 花期 6～7 月，果期 7～9 月。

主要产地：分布于东北及河北、山西等地。

入药部位：根及根茎或茎。

采收加工：春、秋两季采挖，去泥土，晒干。

◆ 精选验方

① 黄褐斑：刺五加片每次 3 片，每日 3 次，30 日为 1 个疗程，一般需治疗 3～6 个疗程。

② 妇人血风劳、形容苍白、喘满虚烦、发热汗多：五加皮、牡丹皮、赤芍药、当归各 50 克，将青铜钱 1 文，蘸油入药，煎 7 分，温服。

◆ 养生药膳：

⊙ **五加皮炖猪瘦肉**

原料：五加皮 15 克，猪瘦肉 100 克，生姜 1 片。

制法：五加皮浸泡、洗净；猪瘦肉洗净，切小方块状。一起与生姜下炖盅，加入热开水 250 毫升（约 1 碗量），加盖隔水炖约 2 个半小时便可，进饮时下盐，为 1 人量。

功效：滋阴祛湿、填精益阳。

⊙ 祛斑丸

原料：刺五加、枸杞子、当归、丹参等各适量。

制法：制为棕褐色的水丸。

用法：口服，一次6克，一日3次。

功效：滋补肝肾，调和气血。

适用：用于黄褐斑。

§ 太子参

别　　名：
童参、孩儿参、双批七、异叶假繁缕。

性　　味：
味甘、微苦，性平。归脾、肺经。

用量用法：
9～30克，水煎服。

主　　治：
气血亏虚，神疲乏力，脾虚便溏，食欲不振，神经衰弱，失眠。

使用宜忌：
表实邪盛者不宜用。

《本草从新》：大补元气。《饮片新参》：补脾肺元气，止汗生津，定虚悸。《中药志》：治肺虚咳嗽，脾虚泄泻。《陕西中草药》：补气益血，健脾生津，治病后体虚、肺虚咳嗽、脾虚腹泻、不思饮食。

◆ 原植物

生长于山坡林下和岩石缝中。石竹科植物孩儿参。

① 多年生草本，高15～20厘米。

② 地下有肉质直生纺锤形块根，四周疏生须根。茎单一，不分枝，下部带紫色，

近方形，上部绿色，圆柱形，有明显膨大的节，光滑无毛。

③ 单叶对生，茎下部的叶最小，倒披针形，先端尖，基部渐窄成柄，全缘，向上渐大，在茎顶的叶最大，通常两对密接成4叶轮生状，长卵形或卵状披针形，长4~9厘米，宽2~4.5厘米，先端渐尖，基部狭窄成柄，边缘略呈波状。

④ 花腋生，二型：近地面的花小，为闭锁花，花梗紫色有短柔毛，萼片4，背面紫色，边缘白色而呈薄膜质，无花瓣；茎顶上的花较大而开放，花梗细长，紫绿色，有毛，花时直立，花后下垂，萼片5，绿色，背面及边缘有长毛，花瓣5，白色，顶端呈浅齿状2裂或钝。

⑤ 蒴果近球形。

⑥ 花期4~5月，果期5~6月。

主要产地： 分布于东北及河北、陕西、山东、江苏、安徽、河南等省。

入药部位： 块根。

采收加工： 夏季采挖，洗净，除去须根，置于沸水中氽水后阴干或直接晒干。

◆ 精选验方

① 气血亏虚、神疲乏力：太子参15克，黄芪12克，五味子3克，炒白扁豆9克，大枣4枚，水煎代茶饮。

② 脾虚便溏、食欲不振：太子参12克，白术、茯苓各9克，陈皮、甘草各6克，水煎服。

③ 气阴两虚：太子参、生黄芪、白芍、五味子、浮小麦、煅牡蛎各15~30克，水煎服。

④ 形体消瘦、精神不振：太子参15克，山药、白术各10克，生黄芪15克，麦冬、黄芩各10克，黄精、鸡血藤各15克，水煎服，每周服1剂。

◆ 养生药膳

⊙ 银耳太子参炖鹿肉

原料： 银耳50克，太子参15克，鹿肉300克，姜10克，清汤1200克，盐5克，鸡精3克，糖、胡椒粉各1克。

制法： 银耳、太子参分别用温水涨发好，鹿肉切蚕豆丁大小氽水，姜切片待用。将净锅上火，放入清汤、太子参、银耳、鹿肉、姜片，大火烧开转小火炖50分钟调味即成。

功效： 养阴生精，润肺健脾，对阴液亏虚有一定的食疗作用，对面黄体虚有一定的改善作用。

⊙ 太子参烧羊肉

原料： 太子参75克，熟羊肋条肉350克，水发香菇、玉兰片各25克，鸡蛋1个，调料适量。

制法： 羊肉切片，鸡蛋、淀粉搅拌成糊，并与羊肉拌匀；太子参水煎取浓汁；香菇切片，与玉兰片、葱姜丝放在一起；锅中倒油适量烧至五成热时放入羊肉炸至红黄色，出锅滗油；锅内留底油约50克，放入花椒若干个炸黄捞出，此时将香菇、玉兰、葱、姜下锅，煸炒片刻，加入清汤、酱油、味精、盐、料酒调味，再将羊肉及太子参浓汁放入，烧至熟烂即可。

用法：吃羊肉。

功效：温中补虚，益气生津。

适用：肺虚咳嗽、脾虚食少、虚劳瘦弱、精神疲乏、心悸自汗等。

§ 西洋参

别　　名：
洋参、花旗参。

性　　味：
味甘、微苦，性寒。归肺、脾经。

用量用法：
3～6克，水煎服；或每次1.5～3克，研末冲服，或开水浸泡，代茶饮。

主　　治：
气虚阴火旺，咳嗽痰血，虚热烦倦，内热消渴，口燥咽干。

使用宜忌：
不宜与藜芦、白萝卜同用。

《药性考》补阴退热。姜制益气，扶正气。《本草求原》清肺肾，凉心脾以降火。《医学衷中参西录》：能补助气分，并能补益血分。《本草再新》：治肺火旺、气虚咳喘、失血、劳伤，固精安神，生产诸虚。

◆ 原植物

均系栽培品，生长于土质疏松、土层较厚、肥沃、富含腐殖质的森林沙质壤土。五加科植物西洋参。

① 多年生草本。

② 茎单一，不分枝。

③一年生无茎，生三出复叶一枚，二年生有二枚三出或五出复叶；3～5年轮生三、五枚掌状复叶，复叶中两侧小叶较小，中间一片小叶较大，小叶倒卵形，边缘具细重锯齿，但小叶下半部边缘的锯齿不明显。总叶柄长4～7厘米。

④伞状花序顶生，总花梗常较叶柄略长。花6～20朵，花绿色。

⑤浆果状核果，扁圆形，熟时鲜红色，种子2枚。

⑥花期7月，果熟期9月。

主要产地： 分布于美国、加拿大及法国，我国也有栽培。

入药部位： 根。

采收加工： 9月中旬到10月中旬，多用人工采挖。

◆ 精选验方

①肾虚头晕、肝虚贫血、中气不足、脾胃虚弱：西洋参500克研为细末，装入硬胶囊中，制成1000粒，每粒0.5克，每次服2粒，每日2次；服药期间忌食萝卜。

②气虚：西洋参、麦冬、石斛、六一散各10克，用开水冲饮，剩下的渣子也可以嚼着吃。

◆ 养生药膳

⊙ 西洋参淮山炖乌鸡

原料： 西洋参10克，淮山药20克，乌鸡1只。

制法： 西洋参切片，淮山药用水泡软，乌鸡剁成块飞水，把制好的原料一起放到盆里，加入清汤和适量的葱姜，上笼蒸至鸡肉软烂即可。

功效： 补气养阴，清虚火，活血化瘀，养血补脾。

适用： 肺火旺、气虚咳喘、失血、劳伤。

⊙ 洋参银耳炖燕窝

原料： 西洋参片15克、银耳、燕窝各20克、生姜、葱各5克，精盐3克，味精4克。

制法： 西洋参片、银耳、燕窝用清水浸透，生姜切片，葱切段。将处理好的西洋参片、银耳、燕窝、姜片、葱段一起放入炖盅内，加入清水炖2小时。调入精盐、味精即成。

功效： 补气养阴，美容养颜。

§ 龙眼肉

别　　名： 桂圆肉、圆眼肉。

性　　味： 味甘，性平，无毒。

用量用法： 10～15克，大剂量可用至30克。

主　　治： 气血不足，心悸怔忡，健忘失眠，血虚萎黄。

使用宜忌： 患有外感实邪，痰饮胀满者勿食龙眼肉。

《开宝本草》：归脾而能益智。《得配本草》：益脾胃，葆心血，润五脏。治怔忡。《泉州本草》：壮阳益气，补脾胃。《药品化义》：大补阴血。治神思劳倦、心经血少、肝脏空虚。

◆ 原植物

栽培于堤岸和园圃。

无患子科植物龙眼。

① 常绿乔木，高达10米。树皮棕褐色，粗糙，片裂或纵裂。茎上部多分枝，小枝被有黄棕色短柔毛。

② 双数羽状复叶互生，连柄长15～30厘米；小叶2～6对、近对生或互生，长椭圆形或长椭圆状披针形，长6～20厘米，宽2.5～5厘米，边全缘或波状，上面暗绿色，有光泽，下面粉绿色。

③ 圆锥花序顶生或腋生，有锈色星状柔毛，花杂性；萼5裂；花瓣5；花盘被毛；雄蕊8个；子房心形，2～3裂。

④ 核果球形，不开裂，外皮黄褐色，粗糙，鲜假种皮，白色透明，肉质，多汁，甘甜。种子球形，黑褐色，光亮。

⑤ 花期春、夏季。

主要产地：分布于福建、台湾、广西、广东、四川、贵州、云南等省区。

入药部位：假种皮。

采收加工：7~10月果实成熟时采摘，烘干或晒干，剥去果皮，取其假种皮。或将果实入开水中煮10分钟，捞出摊放，使水分散失，再烤1昼夜，然后剥取假种皮，晒干。

◆ **精选验方**

①思虑过度、劳伤心脾、虚烦不眠：龙眼干、芡实各15克，粳米60克，莲子10克，加水煮粥，并加白糖少许煮食。煎服。

②虚弱衰老：龙眼肉30克，加白糖少许，一同蒸至稠膏状，分2次用沸水冲服。

③贫血、神经衰弱、心悸怔忡、自汗、盗汗：龙眼肉4~6枚，莲子、芡实各适量，加水炖汤于睡前服。

◆ **养生药膳**

⊙ 龙眼莲子粥

原料：龙眼肉、莲子各15~30克，红枣5~10克，糯米30~60克，白糖适量。

制法：先将龙眼肉用清水略冲洗，莲子去皮心，大枣去核，与糯米同煮，烧开后，改用中火熬煮30~40分钟即可，食时加糖适量。

用法：早餐食用。

功效：益心安神，养心扶中。

适用：心脾两虚、贫血体弱、心悸怔忡、面黄肌瘦等。

⊙ 核桃龙眼鱼肚汤

原料：龙眼肉10克，核桃仁儿30克，鱼肚100克，鸡肉250克，生姜丝、葱丝、黄酒、食盐各适量。

制法：将核桃仁儿放入沸水锅中焯一下，去皮；将鱼肚洗净后，用油发好，即在温油锅中炸至断面呈海绵状，切成长条；鸡肉洗净，切成块儿。将上述三物和适量的姜丝、葱丝、黄酒放入锅内，加入高汤，武火煮沸，文火炖30分钟左右，加食盐调味即成。

功效：健脾益胃，温肾助阳，养颜安神。

⊙ 龙眼肉粥

原料：龙眼肉、粳米各100克。

制法：将上两味清洗干净，加适量水一同煮粥。

用法：任意食用。

功效：益心脾，安心神。

适用：心悸、失眠、健忘、贫血等。

第四章 调经止痛中草药妙用

§ 玫瑰花

别　　名： 刺玫花。

性　　味： 味甘、微苦，性温。

用量用法： 1.5～6克，水煎服。

主　　治： 损伤瘀痛，疮痈肿毒，黄褐斑，头面红斑类皮肤病，子宫肌瘤，乳腺炎，胃炎，肠炎。

使用宜忌： 口渴、舌红少苔、脉细弦劲之阴虚火旺证者不宜长期、大量饮服，孕妇不宜多次饮用。

《随息居饮谱》：调中，活血，舒肝郁，辟秽，和肝。《食物本草》：主利肺脾，益肝胆，辟邪恶之气，食之芳香甘美，令人神爽。

◆ 原植物：

均为栽培。

蔷薇科植物玫瑰。

① 直立灌木，茎丛生，有茎刺。

② 单数羽状复叶互生，椭圆形或椭圆形状倒卵形，先端急尖或圆钝，叶柄和叶轴有绒毛，疏生小茎刺和刺毛。

③ 花单生长于叶腋或数朵聚生，苞片卵形，边缘有腺毛，花冠鲜艳，紫红色，芳香。

④ 果红色扁球形，直径2～2.5厘米，平滑，具宿存萼片。

⑤ 花期5～6月，果期8～9月。

主要产地： 分布于江苏、浙江、福建、山东、四川等地。

入药部位： 花蕾。

采收加工： 春末夏初将要开放时，分批采摘，及时低温干燥。

◆ **精选验方：**

① 月经不调：玫瑰花、月季花各9克，益母草、丹参各15克，水煎服。

② 乳腺炎：玫瑰花（初开者）30朵，阴干，去其蒂，陈酒煎，饭后服。

③ 肥胖症：玫瑰花、茉莉花、荷叶、川芎各5克，用沸水冲泡15分钟，代茶饮，晚上服用。

④ 气滞血瘀型子宫肌瘤：干玫瑰花瓣、干茉莉花各5克，绿茶9克。用冷水500毫升，煮沸后把绿茶、玫瑰花、茉莉花放在大茶壶内，将开水徐徐冲入，等茶叶沉底后，先把茶汁倒出冷却，再续泡2次，待冷后一并装入玻璃瓶，放入冰箱冷冻，成为冰茶。经常饮用。

◆ **养生药膳：**

⊙ 玫瑰花粥

原料：玫瑰花20克，粳米100克，樱桃10克，白糖适量。

制法：将粳米放入锅中，先用旺火烧沸，然后用小火熬煮成粥，再放入玫瑰花、樱桃，再煮5分钟，加入白糖调味即可。

用法：不拘时饮。

功效：美容养颜。

适用：月经不调、痛经及春季的养生调理。

⊙ 二花调经茶

原料：玫瑰花、月季花各9克，红茶3克。

制法：共为粗末，以沸水冲泡，加盖10分钟，即可饮用。

用法：每日1剂，在经行前几天服用最好。

功效：滋阴补血，美容养颜。

适用：痛经、经闭，或经色黯且夹有血块等。

§ 川芎

别　　名：
芎劳、小叶川芎。
性　　味：
味辛，性温，无毒。
用量用法：
3～10克，水煎服。
主　　治：
疮痈肿痛，粉刺，黧黑斑，白癜风，口臭齿痛，皮肤粗糙，月经不调，血虚头痛，头痛眩晕，疟疾，鼻窦炎。
使用宜忌：
阴虚火旺、上盛下虚及气弱之人忌服。

《神农本草经》：主中风入脑头痛、寒痹，筋脉缓急，金疮，妇人血闭无子。《纲目》：燥湿，止泻痢，行气开郁。《本草正》：抑脓消肿，活血通经。

◆ 原植物：

生长于肥沃、湿润、排水良好的地方。多为栽培。

伞形科植物川芎。

① 多年生草本，高30～60厘米。

② 根状茎呈不规则的结节状拳形，结节顶端有茎基团块，外皮黄褐色，有香气。茎常数个丛生，直立，上部分枝，节间中空，下部的节明显膨大成盘状，易生根。

③ 叶互生，二至三回羽状复叶，叶柄基部扩大抱茎，小叶3～5对，边缘成不整齐羽状全裂或深裂，裂片细小，两面无毛，仅脉上有短柔毛。

④ 复伞形花序顶生，伞梗十数条，小伞梗细短，多数，顶端着生白色小花。花萼5，条形，有短柔毛，花瓣5，椭圆形，先端全缘，中央有短尖突起，向内弯曲，雄蕊5，伸出花瓣外，子房下位。

⑤ 双悬果卵圆形，5棱，有窄翅，背棱中有油管1个，侧棱中有2个，结合面有4个。

⑥ 花期7～8月，果期8～9月。

主要产地： 主产于四川省。我国西南及北方大部地区有种植。

入药部位： 根茎。

采收加工： 平原栽培者以小满后 4～5 日收采为佳，山地栽培者多在 8～9 月采收。将根茎挖出，除净茎叶及泥沙，洗净，晒干或烘干，再用撞笼撞去须根。

◆ 精选验方：

① 月经不调：川芎 10 克，当归、白芍各 15 克，熟地黄、香附、丹参各 20 克，水煎服。

② 血虚头痛：川芎、当归各 15 克，水煎服。

③ 头痛眩晕：川芎 10 克，蔓荆子、菊花各 15 克，荆芥穗 1.25 克，水煎服。

④ 温经补虚，化瘀止痛：当归、川芎、肉桂、莪术、牡丹皮各 3 克，人参、牛膝、甘草各 3 克，水煎服。

◆ 养生药膳：

⊙ 川芎煮蛋

原料： 川芎 10 克，鸡蛋 100 克。

制法： 将鸡蛋、川芎放入锅内，加入适量的清水，同煮至鸡蛋熟，捞出鸡蛋，剥去外壳，再放入锅中，煮 20 分钟即可。

用法： 吃蛋饮汤。

功效： 调经止痛。

适用： 风邪引起的头晕目眩、月经不调、痛经、闭经等。

⊙ 川芎调经茶

原料： 川芎、红茶各 6 克。

制法： 上二味共置盖杯中，冲入沸水适量，泡焖 15 分钟后，分 2～3 次温饮。

用法： 每日 1 剂。

功效： 理气开郁，活血止痛。

适用： 经前腹痛、经行不畅、经闭不行、胁腹胀痛等。

⊙ 米酒川芎鸡蛋

原料： 川芎 5 克，黄酒 20 毫升，鸡蛋 2 枚。

制法： 川芎、鸡蛋两味同煮，至蛋熟后去壳及药渣，调入黄酒即成。

用法： 吃蛋，喝汤，每日 1 剂，连续服用 1 周。

功效： 祛风通脉，活血止痛。

适用： 虚寒引起的经期或经后少腹绵绵作痛、经色淡而量少等。

益母草

别　　名： 益母蒿、益母艾、红花艾、坤草、茺蔚、三角胡麻、四楞子棵。

性　　味： 味辛、甘，性微温，无毒。

用量用法： 9～30克，水煎服；或入丸、散。

主　　治： 疮痈肿毒，粉刺，皮肤皱皱，鼾黑，痛经，闭经，产后恶露，瘀血块结，难产。

使用宜忌： 肝血不足、瞳子散大者及孕妇忌服。

《本草纲目》：活血，破血，调经，解毒。《神农本草经》：主瘾疹痒，可作浴汤。

◆ 原植物：

生长于山野、河滩草丛中及溪边湿润处。

唇形科植物益母草。

① 一或二年生草本,高60～100厘米。

② 茎直立，单一或有分枝，四棱形，微有毛。

③ 叶对生，叶形多种：基出叶开花时已枯萎，有长柄，叶片近圆形，直径4～8厘米，缘有5～9浅裂，每裂片有2～3钝齿；中部茎生叶3全裂，裂片近披针形，中央裂片常再3裂，侧片1～2裂；上部叶不裂，条形，两面均被短柔毛。

④ 花多数，在叶腋中集成轮伞；花萼钟形，先端有5个长尖齿；花冠唇形，淡红或紫红色，长9～12毫米，上下唇近等长，花冠外被长绒毛，尤以上唇为多；雄蕊4，二强。

⑤ 小坚果熟时黑褐色，三棱形。

⑥ 花期6～9月，果期9～10月。

主要产地： 广泛分布于全国各地。

入药部位： 全草。

采收加工： 8～10月果实成熟时割取全株，晒干，打下果实，拣去枝叶，筛净杂质。

◆ 精选验方：

① 痛经：益母草30克，香附9克，水煎，冲酒服。

② 闭经：益母草90克，橙子30克，红糖50克，水煎服。

③ 疔疮：单用益母草适量捣烂外敷。

④ 粉刺：益母草不限多少，烧灰，以醋浆水和作团，以大火烧令通赤，如此可5次，即细研，夜卧时加粉涂之。或用肥皂、益母草（烧灰）各30克，捣为丸，每日洗3次，忌姜酒。

◆ 养生药膳：

⊙ 益母羊肉汤

原料：益母草50克，生姜20克，羊肉300克，绍酒、葱各10克，盐8克，味精6克，花生油15克。

制法：羊肉洗净斩块，益母草洗净，生姜切片，葱切段。烧锅下油，将羊肉放入锅中炒至干身，铲起待用。烧锅下油，下姜片、羊肉，放入酒暴香，加入清水、益母草，用慢火煮40分钟，放入盐、味精、葱段即成。

用法：该汤可在经前、经后各食2次，每日1次。

功效：温中散寒，健脾益气，活血祛瘀，养颜。

适用：月经不调、痛经、产后恶露不尽等。

⊙ 益母草陈皮煮鸡蛋

原料：益母草50～60克，陈皮10～15克，鸡蛋2个。

制法：将药物和鸡蛋同入锅，加水煮至蛋熟，剥去蛋壳，再煮片刻，取汁与鸡蛋同服。

用法：每日1剂，顿服，连服5～7日。

功效：扶阳散寒，活血化瘀。

适用：阳气不足、血寒内阻所致的月经延后等。

⊙ 益母草粳米粥

原料：新鲜益母草叶120克（干品减半），粳米60克，红糖30克。

制法：将新鲜益母草叶洗净，切碎，置锅中加水1000毫升，煎取汁700毫升。将粳米淘洗干净，放入锅中，兑入药汁，置大火上煮沸，倒入红糖，搅匀，改用小火炖至粥成。

用法：每日2次，供餐，温热服食，连用5～7日。

功效：活血祛瘀。

适用：妇女气滞血瘀所致的月经不调、痛经、崩中漏下、瘀血腹痛等。

丹参

别　　名： 红根、大红袍、血参根、血山根、红丹参、紫丹参。

性　　味： 味苦，性微寒。

用量用法： 10～15克，水煎服。

主　　治： 痈疮肿毒，粉刺，酒渣鼻，黧黑斑，瘢痕疙瘩，各种化脓性感染，月经不调，腹痛，腰背痛，气滞血瘀，疮疡肿痛，癫痫。

使用宜忌： 无瘀血者慎服，不宜与藜芦同用。

《日华子本草》：养神定志，通利关脉。治冷热劳，骨节疼痛，四肢不遂；排脓止痛，生肌长肉；破宿血，补新生血；安生胎，落死胎；止血崩带下，调妇人经脉不匀，血邪心烦。《滇南本草》：补心定志，安神宁心。治健忘怔忡，惊悸不寐。

◆ **原植物：**

生长于向阳山坡草丛、沟边、路旁或林边等地。全国各地均有栽培。

唇形科植物丹参。

① 多年生草本，高30～100厘米。

② 全株密被淡黄色柔毛及腺毛。根细长，圆柱形，长10～25厘米，直径0.8～1.5厘米，外皮土红色。茎四棱形，上部分枝。

③ 叶对生，单数羽状复叶，小叶通常5片，有时3或7片，顶端小叶片最大，侧生小叶较小，具短柄或无柄；小叶片卵圆形至宽卵圆形，长2～7厘米，宽0.8～5厘米，先端急尖或渐尖，基部斜圆形，边缘有圆齿，两面密被白色柔毛。

④ 顶生和腋生的轮伞花序，每轮有花

3～10朵，多轮排成疏离的总状花序；花萼略呈钟状，紫色；花冠二唇形，蓝紫色，长约2.5厘米，上唇直立，略呈镰刀状，先端微裂，下唇较上唇短，先端3裂，中央裂片较两侧裂片长且大，又作2浅裂；发育雄蕊2个，伸出花冠管外盖于上唇之下，退化雄蕊2个，着生长于上唇喉部的两侧，花药退化成花瓣状，花盘基生，一侧膨大；子房上位，4深裂，花柱较雄蕊长，柱头2裂，裂片不相等。

⑤ 小坚果长圆形，熟时暗棕色或黑色，包于宿萼中。

⑥ 花期4～6月，果期7～8月。

主要产地：全国大部地区都有。
入药部位：根。
采收加工：自11月上旬至第二年3月上旬均可采收，以11月上旬采挖最宜。将根挖出，除去泥土、根须，晒干。

◆ **精选验方**：

① 月经不调、腹痛、腰背痛：丹参适量研末，每次6克，每日2次。

② 治面部瘢痕：丹参、羊脂各适量，和煎敷之，灭瘢痕。

③ 治痛经：丹参15克，郁金6克，水煎，每日1剂，分2次服。

④ 治经血涩少，产后瘀血腹痛，闭经腹痛：丹参、益母草、香附各9克，水煎服。

◆ **养生药膳**：

⊙ **丹参黄豆汤**

原料：丹参10克，黄豆50克，蜂蜜适量。

制法：丹参洗净放入砂锅中，黄豆洗净用凉水浸泡1小时，捞出倒入锅内，加水适量煲汤，至黄豆烂，拣出丹参，加蜂蜜调味即可食用。

功效：温宫祛寒，抗衰防老。

⊙ **丹参砂仁粥**

原料：丹参15克，砂仁3克，檀香、粳米各50克，白砂糖适量。

制法：先将粳米淘洗干净入锅，加入适量的清水煮粥；然后将丹参、砂仁、檀香煎取浓汁，去渣；待粥熟后加入药汁、白砂糖，稍煮一二沸即成。

用法：每日2次，早、晚温服。

功效：行气化瘀，化病止痛。

适用：冠心病、心绞痛者。

⊙ 丹参米酒

原料：丹参300克，米酒500毫升。

制法：将丹参切碎置米酒内浸泡数日，滤取浸出液，再加米酒至1000毫升，过滤后取服。

用法：每次根据酒量饮服1～2盅。

功效：安神助眠。

适用：神经衰弱所致心悸、失眠等。

§ 红花

别　　名：
红蓝花、杜红花、川红花、草红花。

性　　味：
味辛，性温，无毒。

用量用法：
3～10克，水煎服。

主　　治：
黄褐斑，粉刺，酒渣鼻，扁平疣，湿疹，斑疹色暗，痛经经闭，关节炎肿痛，瘀血肿痛，心绞痛，冻疮。

使用宜忌：
孕妇忌服。

《本草纲目》：活血润燥，止痛散肿，通经。《本草正》：达痘疮血热难出，散斑疹血滞不消。《本草衍义补遗》：红花，破留血，养血。多用则破血，少用则养血。

◆ 原植物：

全国各地广有栽培。

菊科植物红花。

① 一年生草本，高30～100厘米。

② 全株光滑无毛。茎直立，上部有分枝。

③ 叶互生，几无柄，抱茎，长椭圆形或卵状披针形，长4～9厘米，宽1～3.5厘米，先端尖，基部渐窄，边缘有不规则的锐锯齿，齿端有刺；上部叶渐小，成苞片状，围绕头状花序。

④ 头状花序顶生，直径3～4厘米；总苞近球形，总苞片多列，外侧2～3列披针形，上部边缘有不等长锐刺；内侧数列卵形，边缘为白色透明膜质，无刺；最内列为条形，鳞片状透明薄膜质；花托扁平。花两性，全为管状花，长2～2.5厘米，有香气，先端5深裂，裂片条形，初开放时为黄色，渐变橘红色，成熟时变成深红色；雄蕊5，合生成管状，位于花冠口上，基部箭形，花丝线形；雌蕊1，伸出于花药之上；子房下位，花柱细长，丝状，柱头2裂，裂片舌状。

⑤ 瘦果类白色，卵形，无冠毛。

⑥ 花期5～7月，果期7～9月。

主要产地： 产于东北、华北、西北及山东、浙江、四川、西藏等。

入药部位： 管状花。

采收加工： 5～6月当花瓣由黄变红时采摘管状花，晒干、阴干或烘干。

◆ **精选验方：**

① 痛经：红花6克，鸡血藤24克，水煎，调黄酒适量服。

② 瘀血肿痛：红花3克（或5克），制成红花注射液100毫升，肌肉注射，每次2毫升；穴位注射，每次0.3～0.5毫升。

③ 白带：红花2.5克，墓头回25克，水煎服。

④ 接触性皮炎：红花、大黄、黄柏、牡丹皮各100克，加水1000毫升，浸泡1小时后煎沸10分钟，改小火煎至250毫升，滤取药汁分服。

◆ **养生药膳：**

⊙ 田七红花煮鸽蛋

原料： 鸽蛋200克，田七10克，红花6克，鸡汤500克。

制法： 把田七研成细粉；红花洗净，鸽蛋煮熟去壳；葱切花、姜切丝；把鸡汤放入炖锅内，放入田七粉、红花、姜、葱、盐，熟鸽蛋，同煮25分钟即成。

功效：美容养颜，补气活血化瘀。

⊙ 红花黑豆鲶鱼汤

原料：鲶鱼500克，红花12克，黑豆150克，陈皮5克，盐适量。

制法：将黑豆放入铁锅内(不加油)，大火炒至豆皮裂开备用；鲶鱼去鳞、鳃、内脏，冲洗干净；川红花漂洗干净，装入纱布袋内；陈皮择洗干净；锅内注入适量清水烧开，放入黑豆、川红花、陈皮、鲶鱼，水开后撇净浮沫；用中火续煮至黑豆熟烂，鱼肉酥烂，放精盐调味即可。

功效：滋阴，补气血，润肤养颜。

⊙ 红花川芎粥

原料：红花、川芎各6克，粳米100克，白糖适量。

制法：先将川芎、红花煎汁，去渣，加入淘净的粳米和白糖共煮成粥。

用法：每日2次，温热服食。

功效：行气活血止痛。

适用：冠心病、心绞痛以及头痛、身痛。

姜黄

别　　名：
黄姜、毛姜黄、宝鼎香、黄丝郁金。
性　　味：
味苦、辛，性温。
用量用法：
3～9克，水煎服。
主　　治：
痈疡疮疖，带状疱疹，牙痛，闭经，痛经，心绞痛，高脂血症，风湿痹痛。
使用宜忌：
血虚而无气滞血瘀者忌服。

《日华子本草》：治癥瘕血块、痈肿，通月经。治扑损瘀血，消肿毒。

◆ 原植物：

栽培或野生长于平原、山间草地以及灌木丛中。

姜科植物姜黄。

① 多年生草本，高约1米。

② 根状茎粗短，圆柱状，分枝块状，丛聚呈指状或蛹状，芳香，断面鲜黄色；根粗壮，从根状茎生出，其末端膨大形成纺锤形的块根。

③ 叶基生，2列；叶柄约与叶片等长，下部鞘状；叶片长椭圆形，长25～40厘米，宽10～20厘米，先端渐尖，基部渐窄，两面无毛。

④ 花葶从营养枝的近旁抽出，穗状花序直立，长10～15厘米，总梗长约13厘米，花序肉质多汁；苞片绿色，上部带淡红色渲染，卵形，长3～4厘米，斜上升；花淡黄色，与苞片近等长，不外露。

⑤ 蒴果球形，膜质，熟时3瓣裂。

⑥ 花期8～11月。

主要产地：分布于福建、台湾、广东、广西、四川、云南及贵州等省区；江西、湖北、浙江等省也有栽培。

入药部位：根茎。

采收加工：冬季茎叶枯萎时采挖，洗净，煮或蒸至透心，晒干，撞去须根。主根茎称"母姜"，侧根茎称"白三色。"

◆ 精选验方：

① 疮癣初发：姜黄适量，研末擦上，甚效。

② 疮疡：姜黄适量，研为细粉，敷之。

③ 治诸疮癣初生时痛痒：姜黄适量，敷之。

◆ 养生药膳：

⊙ 姜黄瘦肉汤

原料：鲜姜黄20克，瘦肉100克，盐少许，调味品少许。

制法：先将姜黄洗净切成小片，备用；瘦肉洗净切成小块，两味材料共入锅中，加适量水；用小火炖至肉烂，以少量盐调味。

用法：食肉饮汤。

适用：经闭或产后腹痛、恶心头晕、腹胀便闭等。

⊙ 姜黄炒饭

原料：白饭2碗，青豆、红萝卜丁、香菇丁、木耳丁、青椒丁、红椒丁各2汤匙，姜末半汤匙，姜黄粉1茶匙，生抽1茶匙，盐少许。

制法：热锅放适量油，下所有蔬菜拌炒，下酱油和少许盐；下白饭，中火翻炒至饭粒分明，再下姜黄粉炒至均匀即可。

功效：开胃健脾。

艾叶

别　　名： 大艾叶、艾蒿、家艾叶。

性　　味： 味苦，性微温，无毒。

用量用法： 3～9克。外用：适量，供灸治或熏洗用。

主　　治： 风寒感冒，脾胃冷痛，鼻血不止，皮肤瘙痒，荨麻疹，寻常疣。

使用宜忌： 阴虚血热者慎用。

《名医别录》：主灸百病，可作煎，止下痢、吐血、下部疮、妇人漏血，利阴气，生肌肉，辟风寒，使人有子。

◆ 原植物：

普遍生长于路旁荒野、草地。菊科植物艾。

① 多年生草本，高45～120厘米。

② 茎直立，圆形有沟棱，外被灰白色软毛，茎从中部以上有分枝。

③ 茎下部叶在开花时枯萎；中部叶不规则地互生，具短柄；叶片卵状椭圆形，羽状深裂，基部裂片常成假托叶，裂片椭圆形至披针形，边缘具粗锯齿，上面深绿色，有腺点和稀疏白色软毛，下面灰绿色，有灰白色绒毛；上部叶无柄，顶端叶全缘，披针形或条状披针形。

④ 头状花序，无梗，多数密集成总状，总苞密被白色绵毛；边花为雌花，常不发育，花冠细弱；中央为两性花，均为红色的管状花。

⑤ 瘦果长圆形，无毛。

⑥ 花期7～10月。

主要产地： 我国东北、华北、华东、西南及陕西、甘肃均有分布。

入药部位： 叶。

采收加工： 春、夏两季，花未开、叶茂盛时采摘，晒干或阴干。

◆ **精选验方：**

① 脾胃冷痛：艾叶 10 克，研为末，水煎服。

② 头风面疮、痒出黄水：艾、醋各适量，2 味贴敷。

③ 皮肤湿疹瘙痒：艾叶 30 克，煎煮后用水洗患处。

④ 皮肤溃疡：艾叶、茶叶、女贞子叶、皂角各 15 克，水煎外洗或湿敷患部，每日 3 次。

⑤ 荨麻疹：生艾叶 10 克，白酒 100 毫升，共煎至 50 毫升左右，顿服，每日 1 次，连用 3 日。

◆ **养生药膳：**

⊙ 母鸡艾草汤

原料：老母鸡 1 只，艾草 1 只。

制法：将老母鸡洗净，切块，同艾草一起煮汤。

用法：分 2～3 次食用，经血期连服 2～3 剂。

功效：补气摄血，健脾宁心。

适用：体虚、月经量过多、心悸怔忪、失眠多梦。

⊙ 艾叶粥

原料：干艾叶 10 克（鲜者 20 克），粳米 50 克，红糖适量。

制法：先将艾叶煎汤取汁去渣，再加入洗净的粳米，红糖熬煮成粥即可食用。

用法：每日 2 次。

功效：温经止血，散寒止痛。

适用：下焦虚寒、腹中冷痛、月经不调、经行腹痛，或妇女崩漏下血以及带下等。

⊙ 艾叶饼

原料：新鲜艾叶适量。

制法：清洗艾叶，水煮成浆，倒入糯米粉中，揉捏均匀，再弄成小团，做成一个个艾叶饼。可在饼中按照家庭、个人喜好裹馅。

功效：美容，还可治感冒。

§ 鸡血藤

别　　名：

大血藤、血风藤、三叶鸡血藤、九层风。

性　　味：

苦，温。归肝、心、肾经。

用量用法：

9～15克，水煎服。

主　　治：

中风，风湿痹痛。

使用宜忌：

阴虚火亢者慎用。

《本草纲目拾遗》：活血，暖腰膝。《饮片新参》：去瘀血，流利经脉。治风血痹症。《现代实用中药》：为强壮性之补血药，适用于肢体及腰膝酸痛，麻木不仁等。又用于妇女月经不调，月经闭止等，有活血镇痛之效。

◆ 原植物

生长于山谷林缘、山地灌丛中。

豆科植物密花豆。

① 木质大藤本，长达数十米，老茎扁圆柱形，折断时流出红色汁液，横切面中央有偏心性的小髓，周围同心环圈（层圈）明显，干品此等环圈现赤褐色。

② 叶为三出复叶互生，有长柄，托叶和小托叶常早落；叶片宽椭圆形或宽卵形，长12～20厘米，宽7～15厘米，先端短渐尖，基部圆形，不对称，垒缘，两面疏被短硬毛，脉腋间常有毛丛。

③ 枝端叶腋抽出长大圆锥花序，花近无梗，单生或2～3朵成簇生于细长分枝上，呈穗状；花冠肉质，白色，蝶形。

④ 荚果剃刀状，长约10厘米，被绒毛，先端背缝有短尖，具网脉，顶部有种子1粒。种子长椭圆形，光亮。

⑤ 花、果期夏季和秋季。

主要产地：产于广东、广西、云南等省区。

入药部位：藤茎。

采收加工：秋、冬两季采收，切片，晒干。

◆ 精选验方

①经闭：鸡血藤、穿破石各30克，水煎服，每日1剂。

②腰痛、白带：鸡血藤30克，金樱根、千斤拔、杜仲藤、旱莲草各15克，必要时加党参15克，每日1剂，2次煎服。

③再生障碍性贫血：鸡血藤60～120克，鸡蛋2～4个，红枣10个，加水8碗，煎至大半碗（鸡蛋熟后去壳放入再煎），鸡蛋与药汁同服，每日1剂。

◆ 养生药膳

⊙ 鸡血藤蛋汤

原料：鸡血藤30克，鸡蛋2个。

制法：鸡血藤、鸡蛋加水共煮，蛋熟后去壳，再煮至剩一碗水，去药渣。

用法：饮汤食蛋。

功效：补血活血。

适用：月经不调、体虚贫血。

⊙ 丹参润肤汤

原料：鸡血藤、丹参各15克，生地黄10克，连翘7克，红花、川芎、荆芥穗各5克，鸡肉150克。

制法：鸡肉入水烫后，取出用冷水洗净。所有材料放入锅中，加1000毫升的水同煮1小时即可。

用法：佐餐食用。

功效：养颜补血，肤色明亮。

适用：贫血、肤色蜡黄。

§ 乳香

别　　名：	熏陆香、滴乳香、乳香珠、明乳香、制乳香、炒乳香、醋制乳香。
性　　味：	味辛、苦，性温。
用量用法：	3～10克，水煎服。
主　　治：	冠心病，心绞痛，胃肠痉挛，麻风病，跌打损伤。
使用宜忌：	孕妇及胃弱者慎用。

《本草汇言》：活血去风，舒筋止痛之药也。《本草纲目》：入心经，活血定痛。《医学衷中参西录》：乳香、没药，二药并用，为宣通脏腑、流通经络之要药，故凡心胃胁腹、肢体关节诸疼痛皆能治之。

◆ 原植物

生长于热带沿海山地。

橄榄科植物乳香树。

① 矮小灌木，高4～5米，罕达6米。

② 树干粗壮，树皮光滑，淡棕黄色，纸状，粗枝的树皮鳞片状，逐渐剥落。

③ 叶互生，密集或于上部疏生，单数羽状复叶，长15～25厘米，叶柄被白毛；小叶7～10对，对生，无柄，基部者最小，向上渐大，小叶片长卵形，长达3.5厘米，顶端者长达7.5厘米，宽1.5厘米，先端钝，基部圆形、近心形或截形，边缘有不规则的圆齿裂，或近全缘，两面均被白毛，或上面无毛。

④ 花小，排列成稀疏的总状花序；苞片卵形；花萼杯状，先端5裂，裂片三角状卵形；花瓣5片，淡黄色，卵形，长约为萼片的2倍，先端急尖；雄蕊10，着生长于花盘外侧，花丝短；子房上位，3～4室，每室具2垂生胚珠，柱头头状，略3裂。

⑤ 桉果倒卵形，长约1厘米，有三棱，钝头，果皮肉质，肥厚，每室具种子1枚。

主要产地： 产于非洲的索马里、埃塞俄比亚及阿拉伯半岛南部，土耳其、利比亚、苏丹、埃及也产。

入药部位： 油胶树脂。

采收加工： 春、夏季将树干的皮部由下而上切伤，使树脂由伤口渗出，数天后凝成干硬的固体，收集即得。

◆ 精选验方

①产后瘀滞不清、攻刺心腹作痛：乳香、没药（俱瓦上焙出油）各15克，五灵脂、延胡索、牡丹皮、桂枝各25克（俱炒黄），黑豆50克（炒成烟炭），共为末，每服15克，生姜泡汤调下。

②治疮疡疼痛不可忍：乳香、没药各6克，寒水石（煅）、滑石各12克，冰片一分。为细末，搽患处。

◆ 养生药膳

⊙ 乳香煮鸡蛋

原料： 乳香、没药各8克，桂皮、小茴香各10克，鸡蛋200克，红糖50克。

制法： 乳香、桂皮、茴香、没药洗干净，鸡蛋煮熟去壳；将乳香、桂皮、茴香、没药放入瓦煲，加适量清水，慢火煲20分钟；加入鸡蛋、红糖再煮10分钟即成。

用法： 每日吃1个鸡蛋，连吃50个鸡蛋为一个疗程。

功效： 温经祛寒，养血消瘤。

适用： 寒凝血滞所致的子宫肌瘤及跌伤瘀血。

⊙ 乳香粥

原料： 乳香10克，大米100克，白糖适量。

制法： 将乳香择净，放入锅内，加清水适量，浸泡5~10分钟后，水煎取汁，加大米煮粥，待煮至粥熟后，白糖调味服食；或将乳香研末，每取2~3克，调入粥中，再煮一、二沸服食。

用法： 每日1剂，连续3~5天。

功效： 活血止痛，消肿生肌。

适用： 痛经、闭经。

没药

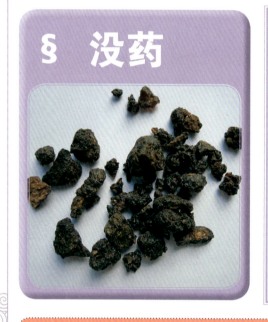

别　　名： 末药、醋制没药。

性　　味： 味苦，性平，无毒。

用量用法： 3～10克，水煎服；或入丸、散。外用：适量，研末调敷。

主　　治： 高脂血，急性腰腿扭伤，风湿痹痛，跌打损伤等。

使用宜忌： 孕妇及胃弱者慎用。

《本草衍义》：通滞血，治扑损疼痛。《本草纲目》：乳香活血，没药散血，皆能止痛消肿，生肌，故二药每每相兼而用。《本草述》：久服舒筋膜，通血脉，固齿牙，长须发。

◆ **原植物**

生长于海拔500～1500米的山坡地。橄榄科植物没药树。

① 灌木或矮乔木，高3米。树干粗，具多数不规则尖刺状粗枝；树皮薄，光滑，常有片状剥落。

② 叶单生或丛生，多为3出复叶，小叶倒长卵形或倒披针形，中央1片较大；叶柄短。

③ 总状花序腋生或丛生长于短枝上，花杂性，萼杯状，宿存；花冠4瓣，白色，雄蕊8；子房3室。

④ 核果卵形，棕色。种子1～3枚。本品呈不规则颗粒状或粘结成团块，状似红砂糖。大小不一，一般直径为2.5厘米。表面红棕色或黄棕色，凹凸不平，被有粉尘。

◆ **精选验方**

①产后血晕：没药、血竭各等份，细研为末，产后用童子小便与温酒各半盏，煎一、二沸，调下10克，良久再服，其恶血自下。

②妇人月水不通：没药、硇砂、干漆、芫花(醋拌一宿，炒干)各2.5克，桂心5克，狗胆2枚(干者)，水银1.5克(入少枣肉，

研令星尽），上药，捣罗为末，以枣肉和丸如绿豆大，食前，以温醋汤下十丸。

◆ 养生药膳

⊙ 没药红酒

原料：没药、红葡萄酒各适量。

制法：将没药研成细末，每次取药末3克，黄酒1中盏。

用法：将酒煮热后调药末服。

功效：调经止痛。

适用：月水不通。

主要产地：产于非洲索马里、埃塞俄比亚以及印度等地。

入药部位：油胶树脂。

采收加工：11月至翌年2月采收。树脂可由树皮裂缝自然渗出；或将树皮割破，使油胶树脂从伤口渗出。初呈淡黄白色黏稠液，遇空气逐渐凝固成红棕色硬块。采得后去净杂质，置干燥通风处保存。

泽兰

别名：地笋叶。

性味：味苦，性微温，无毒。

用量用法：6～12克。

主治：活血化瘀，行水消肿。用于月经不调，经闭，痛经，产后瘀血腹痛，水肿。

使用宜忌：无瘀血者慎服。

《日华子本草》：通九窍，利关脉，养血气，破宿血，消癥瘕，长肉生肌，消扑损瘀血。治鼻洪吐血、妇人劳瘦、丈夫面黄。《医林纂要》：补肝泻脾，和气血，利筋脉。主治妇人血分，调经去瘀。

◆ 原植物

生长于山野低洼地、溪流沿岸草丛中。唇形科植物地笋。

① 多年生草本，高 40～100 厘米。

② 根状茎横走，稍肥厚肉质，白色，节上生须根。茎通常单一，少分枝，有四棱，中空、绿色、绿紫色或紫色，节上有毛丛。

③ 叶交互对生，近于无柄；披针形，长 4.5～11 厘米，宽 8～35 毫米，先端渐尖，边缘有粗锯齿，下面密生腺点。

④ 轮伞花序，腋生；花小，花萼 5 深裂，花冠二唇形，白色，能育雄蕊 2 个，退化雄蕊无花药。

⑤ 4 小坚果，扁平，暗褐色，包围宿萼中。

⑥ 花期 7～8 月。

> **主要产地：**广泛分布于我国南北各地。
> **入药部位：**茎叶。
> **采收加工：**夏、秋间茎叶茂盛时，割取全草，去净泥沙，晒干。

◆ 精选验方：

① 经候微少，渐渐不通，手足骨肉烦痛，日渐赢瘦，渐生潮热，其脉微数：泽兰叶 150 克，当归、白芍药各 50 克，甘草 25 克，上为粗末，每服 25 克，水二盏，煎至一盏，去滓温服，不拘时。

② 经闭腹痛：泽兰、铁刺菱各 15 克，马鞭草、益母草各 25 克，土牛膝 5 克，水煎服。

③ 产后水肿，血虚浮肿：泽兰、防己等量，研为末，每服 10 克，酸汤送服。

④ 产后阴翻，产后阴户燥热，遂成翻花：泽兰 200 克，煎汤熏洗 2～3 次；或加枯矾煎洗。

◆ 养生药膳：

⊙ 泽兰酒

原料：泽兰 500 克，白酒 2500 毫升。

制法：将泽兰研碎，放入酒坛，倒入白酒，加盖密封坛口，置阴凉干燥处，每日摇荡 2 次，浸泡 15 日后即成。

用法：每日早、晚各 1 次，每次 15～20 毫升。

功效：补肝，益肾，养血。

适用：血虚头晕、腰酸腿软、肝肾阴亏、须发早白等。

⊙ 泽兰茶

原料：泽兰叶（干品）10 克，绿茶 1 克。

制法：用刚沸的开水冲泡大半杯，加盖 5 分钟后可饮。

用法：代茶频饮。

功效：活血化瘀，通经利尿，健胃舒气。

适用：月经提前或错后、经血时多时少、气滞血阻、小腹胀痛等。

第五章 护肤止痒中草药妙用

§ 防风

别　　名： 关防风、东防风。

性　　味： 味甘，性温，无毒。

用量用法： 内服：5～10克，水煎服。

主　　治： 风疮痛疖，皮肤瘙痒，黧黑斑，雀斑，酒渣鼻，白癜风，风湿痹痛，感冒头痛，麻疹、风疹。

使用宜忌： 血虚痉急或头痛不因风邪者忌服。

李杲：防风，治一身尽痛，随所引而至，乃风药中润剂也。《神农本草经》：主风头眩痛，恶风，风邪，目盲无所见，风行周身，骨节疼痛，烦满。

◆ **原植物：**

生长于草原或多石砾的山坡上。伞形科植物防风。

① 多年生草本，高30～80厘米，通体无毛。根粗壮，近圆柱形，顶端密被棕黄色纤维状的叶柄残基。茎单生，直立，由基部向上有双叉式分枝。

② 基生叶具长叶柄，柄基部扩展成鞘状，稍抱茎；叶片三角状卵形，二回或近三回羽状分裂，最终裂片条形至窄倒披针形，顶端3裂或2裂或不裂，先端锐尖，全缘；茎生叶较小，近枝顶的常有不完全叶片或只有宽的叶鞘。

③ 复伞形花序顶生，常排成聚伞状圆锥花序；无总苞片，少有1片；伞幅5～9；小总苞片4～5，条形至披针形，小伞形花序有花4～9朵；萼齿短三角形，较明显；花瓣5，倒卵形，凹头，向内卷；雄蕊5；子房下位，2室，花柱2，花柱基部圆锥形。

④ 双悬果长卵形，具疣状突起，稍侧扁；分果5棱，棱间各有油管1条，结合面2条。

⑤ 花期8～9月，果期9～10月。

主要产地： 分布于东北及河北、内蒙古、陕西和山东等省区。

入药部位： 根。

采收加工： 春、秋均可采挖，将根挖出后，除去茎叶及泥土，先晒至八成干，捆把后，再晒至足干。

◆ 精选验方：

① 麻疹、风疹不透：防风、荆芥、浮萍各 10 克，水煎服。

② 腮腺炎：防风、羌活、独活、柴胡、川芎、白芷、连翘、天花粉、大力子、荆芥、归尾各 10 克，红花 5 克，甘草、漏芦各 3 克，水煎服。

③ 酒渣鼻：防风 3 克，荆芥、栀子、黄连、薄荷、枳壳各 1.5 克，连翘、白芷、桔梗各 2.4 克，黄芩（酒炒）、川芎各 2.1 克，甘草 0.9 克，水煎入竹沥同服。

◆ 养生药膳：

⊙ 防风苏叶猪瘦肉汤

原料： 防风、白鲜皮各 15 克，苏叶 10 克，猪瘦肉 30 克，生姜 5 片。

制法： 将前 3 味中药用干净纱布包裹，和猪瘦肉、生姜一起煮汤，熟时去药包裹。

用法： 饮汤、吃猪瘦肉。

功效： 祛风散寒。

适用： 风寒型荨麻疹。

⊙ 防风粥

原料： 防风 105 克，葱白 2 棵，粳米 100 克。

制法： 先将防风择洗干净，放入锅中，加清水适量，浸泡 10 分钟后，同葱白煎取药汁，去渣取汁。粳米洗净煮粥，待粥将熟时加入药汁，煮成稀饭。

用法： 每日 2 次，趁热服食，连服 2～3 日。

功效： 祛风解表，散寒止痛。

适用： 感冒风寒、发热畏冷、恶风自汗、风寒痹痛、关节酸楚、肠鸣腹泻等。

⊙ 赤龙散

原料： 赤土 125 克，防风（去芦头）、赤芍药、地骨皮、何首乌、当归（洗，焙）、山栀子仁各 100 克，甘草（炙）50 克。

制法： 将上药研为细末。

用法： 每次服 10 克，温酒调下，茶清亦得，食后服用。

功效： 收湿生肌，凉血消风。

适用： 鼻生渣疱。

§ 蝉蜕

别　　名： 蝉壳、枯蝉、知了壳、蝉退。

性　　味： 味咸、甘，性寒，无毒。

用量用法： 3～6克，水煎服；或入丸、散。

主　　治： 皮肤瘙痒，荨麻疹，风热感冒，咽痛，音哑，麻疹不透，风疹瘙痒，目赤翳障，惊风抽搐，破伤风。

使用宜忌： 孕妇慎服。

《医学入门·本草》：主风邪头眩，皮肤瘙痒疥癣。《本草纲目》：治头破伤风及疔肿毒疮，大人失音，小儿噤风天吊。

◆ **原植物：**

蝉科昆虫黑蚱。

主要产地： 湖北、江苏、四川、山东、河北、河南。

入药部位： 皮壳。

采收加工： 6～7月间捕捉，捕后蒸死、晒干。

◆ **精选验方：**

① 治痘疮出不快：紫草、蝉蜕、木通、芍药、甘草（炙）各等份，每服10克，水煎服。

② 治风气客于皮肤瘙痒不已：蝉蜕、薄荷叶等份，为末，酒调5克，每日3服。

③ 治痘后发热发痒抓破：蝉蜕、地骨皮各50克，为末，每服二、三匙，白酒服2～3次。

④ 治惊痫热盛发搐：蝉壳（去土，炒）25克，人参（去芦）25克，黄芩0.5克，茯神0.5克，升麻0.5克，以上细末；牛黄0.5克（另研），天竺黄5克（研），牡蛎0.5克（研），上同匀细，每用半钱，煎荆芥、薄荷汤调服，无时。

◆ **养生药膳：**

⊙ **蝉蜕酒**

配方：蝉蜕 45 克，米酒 800 毫升。

制法：将蝉蜕研细末，入锅中，加米酒同煮，小火煎数沸，取下待凉后，装瓶，密封放置数日，即可服用。

服法：每日 2 次，每次 30～50 毫升。

功效：疏风，透疹，解痉。

适用：暑麻疹。

⊙ **蝉蜕冬瓜汤**

原料：蝉蜕 5 克，冬瓜 500 克，蜜枣 2 个。

制法：将蝉蜕洗干净，冬瓜连皮切成块；把材料一起放进锅里，加适量清水，大火煲沸，转小火煲 30 分钟左右即可。

功效：宣散风热，透疹利咽，退翳明目，祛风止痉，降脂美容。

§ 葛根

别　　名：
野葛、毒根、胡蔓草、断肠草、黄藤、火把花。

性　　味：
味甘、辛，性平，无毒。

用量用法：
内服：煎汤，10～15 克；或捣汁。
外用：适量，捣敷。

主　　治：
伤寒，温热头痛项强，烦热消渴，泄泻，痢疾，斑疹不透，高血压，心绞痛，耳聋。

使用宜忌：
夏日表虚汗多尤忌。

《本草纲目》：解肌，发表，出汗，开肌理，疗金疮，止痛。

◆ **原植物：**

生长于山坡、路边草丛中及较阴湿的地方。

豆科植物野葛。

① 多年生落叶藤本，长达10米。

② 全株被黄褐色粗毛。块根圆柱状，肥厚，外皮灰黄色，内部粉质，纤维性很强。茎基部粗壮，上部多分枝。

③ 三出复叶；顶生小叶柄较长；叶片菱状圆形，长5.5～19厘米，宽4.5～18厘米，先端渐尖，基部圆形，有时浅裂，侧生小叶较小，斜卵形，两边不等，背面苍白色，有粉霜，两面均被白色伏生短柔毛；托叶盾状着生，卵状长椭圆形，小托叶针状。

④ 总状花序腋生或顶生，花冠蓝紫色或紫色；苞片狭线形，早落，小苞片卵形或披针形；萼钟状，长0.8～1厘米，萼齿5，披针形，上面2齿合生，下面1齿较长；旗瓣近圆形或卵圆形，先端微凹，基部有两短耳，翼瓣狭椭圆形，较旗瓣短，常一边的基部有耳，龙骨瓣较翼瓣稍长；雄蕊10，二体；子房线形，花柱弯曲。

⑤ 荚果线形，长6～9厘米，宽7～10毫米，密被黄褐色长硬毛。种子卵圆形，赤褐色，有光泽。

⑥ 花期4～8月，果期8～10月。

主要产地： 除新疆、西藏外，全国各地均有分布。

入药部位： 根。

采收加工： 栽培3～4年采挖，在冬季叶片枯黄后到发芽前进行。把块根挖出，去掉藤蔓，切下根头作种，除去泥沙，刮去粗皮，切成1.5～2厘米厚的斜片，晒干或烘干。广东、福建等地切片后，用盐水、白矾水或淘米水浸泡，再用硫黄熏后晒干，色较白净。

◆ **精选验方：**

① 麻疹透发不畅：葛根、升麻、芍药各6克，甘草3克，水煎服。

② 热症烦渴：葛根、知母各15克，生石膏25克，甘草5克，水煎服。

③ 治斑疹初发，壮热，点粒未透：葛根、升麻、桔梗、前胡、防风各5克，甘草2.5克，水煎服。

④ 治疖子初起：葛蔓适量，烧灰，水调敷涂。

◆ 养生药膳：

⊙ 葛根玫瑰茶

原料：葛根 5 克，玫瑰花 2 克，红茶 1 克，红花 1 克。

制法：将原料混合后，用沸水冲泡，加盖闷 5 分钟即成。

用法：每日 1 剂，可多次泡饮。

功效：改善面部色斑，美容养颜，使面部有光泽。

⊙ 葛根豆腐鱼汤

原料：葛根 10 克，银鱼 1 条，豆腐 10 克。

制法：葛根去皮，切片，用水洗净。银鱼、豆腐、蜜枣和陈皮用水洗净。加水于瓦煲内煲至水滚。放入全部材料，用中火煲 3 小时。加入细盐调味，即可饮用。

用法：可佐餐食用。

功效：丰胸，补钙，平衡雌激素，延缓女性衰老等。

§ 金银花

别　　名：银花、双花、二花、二宝花。

性　　味：味甘，性温，无毒。

用量用法：6～15 克，水煎服。疏散风热、清泄里热以生品为佳；炒炭宜用于热毒血痢；露剂多用于暑热烦渴。

主　　治：咽喉炎，风热感冒，痢疾，便秘。

使用宜忌：脾胃虚寒及气虚疮疡脓清者忌用。

《别录》：寒热身肿。久服轻身长年益寿。《本草纲目》：痈疽疥癣，杨梅诸恶疮，散热解毒。

◆ **原植物：**

生长于丘陵、山谷、林边，常有栽培。忍冬科植物忍冬。

① 半常绿缠绕灌木，长可达9米。

② 茎细，左缠，中空，多分枝，皮棕褐色，呈条状剥裂，幼时密被短柔毛。

③ 叶对生，凌冬不落，故有"忍冬"之名；叶片卵形至长卵形，长3～8厘米，宽1～3厘米，先端钝或急尖乃至渐尖，并有小短尖，基部圆形乃至近心形，全缘；嫩叶有短柔毛，下面灰绿色。

④ 花成对生长于叶腋，初开时白色，后变黄色，黄白相映，故名"金银花"；苞片叶状，宽卵形至椭圆形，小苞片近圆形；花萼5裂，无毛或有疏毛；花冠长3～4厘米，外面有疏柔毛和疏腺毛，稍呈二唇形，管部和瓣部近相等，上唇4裂，下唇不裂；雄蕊5；子房无毛，花柱和雄蕊长于花冠。有清香。

⑤ 浆果球形，熟时黑色，有光泽。

⑥ 花期4～6月，果期7～10月。

主要产地： 全国大部分地区均产，产河南者称"南银花"，产山东者称"东银花"。

入药部位： 花蕾。

采收加工： 夏初花开放前采摘，阴干。生用、炒用或制成露剂使用。

◆ **精选验方：**

① 痤疮：金银花30克，连翘、黄芩、川芎、当归各12克，桔梗、牛膝各9克，野菊花15克，水煎服。

② 痢疾：金银花15克，焙干研末，水调服。

③ 热闭：金银花60克，菊花30克，甘草20克，水煎服，代茶频饮。

④ 慢性咽喉炎：金银花、人参叶各15克，甘草3克，开水泡，代茶饮。

◆ **养生药膳：**

⊙ **金银花苦瓜汤**

原料：苦瓜200克，金银花15克。

制法：将苦瓜切开去瓤和籽；与金银花一起放入锅中；加清水适量，煎汤饮用即可。

功效：美容养颜，清心祛火，利尿通淋，明目解毒。

适用：伤暑身热、热天烦渴、眼睛红等。

⊙ 银花茶

原料：金银花、蒲公英、茶叶各3克。

制法：将上3味装入茶缸内，用沸水冲泡10分钟。

用法：不拘时代茶频饮，每日1剂。

功效：清热解毒，利湿。

适用：小儿头疖、痱子等。

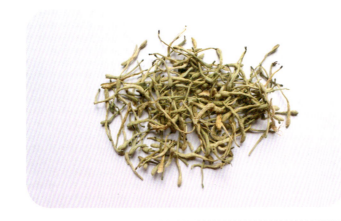

§ 连翘

别　　名：
连壳、黄花条、黄链条花、黄奇丹、青翘、落翘。
性　　味：
味苦，性平，无毒。
用量用法：
6～15克，水煎服；或入丸、散。
主　　治：
咽喉肿痛，痈肿疮疖，风热感冒，麻疹，乳腺炎。
使用宜忌：
脾胃虚弱、气虚发热、痈疽已溃、脓稀色淡者忌服。

《本经》：寒热鼠瘘瘰疬，痈肿恶疮瘿瘤，结热蛊毒《本经》。大明：通小肠，排脓，治疮疖，止痛，通月经。散诸经血结气聚，消肿（李杲）。泻心火，除脾胃湿热，治中部血证，以为使（震亨）。治耳聋浑浑（好古）。

◆ **原植物：**

多为栽培。野生长于低山、灌丛或林缘。木犀科植物连翘。

① 落叶灌木，高2～3米。

② 枝条细长开展或下垂，小枝浅棕色，稍四棱，节间中空无髓。

③ 单叶对生，具柄；叶片完整或3全裂，卵形至长圆卵形，长6～10厘米，宽1.5～2.5厘米，先端尖，基部宽楔形或圆形，边缘有不整齐锯齿。

④ 先叶开花，花1～3(～6)朵簇生于叶腋；花萼4深裂，裂片长椭圆形；花冠黄色，具4长椭圆形裂片，花冠管内有橘红色条纹；雄蕊2，着生长于花冠的基部，花丝极短；花柱细长，柱头2裂。

⑤ 蒴果木质，有明显皮孔，卵圆形，顶端尖，长约2厘米，成熟2裂。种子多数，有翅。

⑥ 花期3～5月，果期7～8月。

主要产地： 分布于河北、山西、陕西、甘肃、宁夏、山东、江苏、江西、河南、湖北、四川及云南等省区。

入药部位： 果实。

采收加工： 果实初熟或熟透时采收。初熟的果实采下后，蒸熟，晒干，尚带绿色，商品称为青翘；熟透的果实，采下后晒干，除去种子及杂质，称为老翘；其种子称连翘心。

◆ **精选验方：**

① 麻疹：连翘6克，牛蒡子5克，绿茶1克，研末，沸水冲泡。

② 痈肿疮疖：连翘20克，金银花、野菊花、蒲公英、紫花地丁各15克。水煎服。

③ 治赤游瘢毒：连翘一味，煎汤饮之。

◆ **养生药膳：**

⊙ **养颜茶饮**

原料：薏苡仁38克，金银花、连翘、防风、川七各15克，玫瑰花11克，甘草7.5克。

制法：将薏苡仁、连翘浸泡20分钟，与其他药材同水煮，去渣取汁。

用法：饮汤代茶。

功效：改善痘疮，排脓，抗感染，排除毒素。

⊙ 连翘菊花猪腰汤

原料：金银花、连翘、菊花、茯苓皮、大腹皮、冬瓜皮、白茅根、茜草各9克，大、小蓟各12克，猪腰1个。

制法：将金银花等药水煎取汁。猪腰对剖两半，片去腰臊，切片，用药汁煮熟即成。

用法：每日1～2次淡服。

功效：清热解毒，利尿消肿，凉血止血。

适用：急性肾炎尿血、浮肿等。

§ 地肤子

别　　名：地肤。

性　　味：味苦，性寒，无毒。

用量用法：9～15克。外用：适量，煎汤熏洗。

主　　治：荨麻疹，湿疹，湿疮，痔疮，夜盲。

使用宜忌：恶螵蛸。

《本经》：膀胱热，利小便，补中益精气。久服耳目聪明，轻身耐老。《别录》：去皮肤中热气，使人润泽，散恶疮疝瘕，强阴。《日华子本草》：治客热丹肿。

◆ **原植物：**

生长于山野荒地、田野、路旁，栽培于庭园。

藜科植物地肤。

① 一年生草本，高达1米。

② 茎直立，多分枝，秋季常变为红色，

幼枝有白色短柔毛。

③ 单叶互生，无柄；叶片窄披针形至线状披针形，长1～7厘米，宽0.5～1.2厘米，先端尖，基部渐窄，全缘，两面密被白色柔毛，基脉3条明显。

④ 花两性或雌性，单生或2朵并生于叶腋；花被5裂，裂片卵状三角形，结果时自背部生出三角形横突起或翅；雄蕊5，伸出冠外。

⑤ 胞果扁球形，包于宿存的花被内。种子横生，扁平。

⑥ 花期7～9月，果期8～10月。

主要产地： 全国大部分地区有产。

入药部位： 果实。

采收加工： 秋季果实成熟时割取全草，晒干，打下果实，除净枝、叶等杂质。

◆ 精选验方：

① 荨麻疹：地肤子30克，加水500毫升，煎至250毫升，冲红糖30克，乘热服下，盖被使出汗。

② 皮肤湿疮：地肤子、白矾各适量，煎汤洗。

③ 皮肤湿疹：地肤子、白藓皮各25克，白矾15克，水煎，熏洗。

◆ 养生药膳：

⊙ **苍耳子地肤子蜜饮**

原料： 地肤子、苍耳子各10克，蜂蜜30克。

制法： 先将苍耳子、地肤子分别拣杂、洗净后，同放入砂锅，加水适量，煎煮30分钟，用洁净纱布过滤取汁，放入容器，趁温热加入蜂蜜，拌匀即成。早、晚2次分服。

适用： 对风寒型皮肤瘙痒症尤为适宜。

⊙ **养血祛风酒**

原料： 地肤子、石楠叶、独活各35克，川芎40克，当归60克，白酒适量。

制法： 将上五味药研成极细末，装瓶备用即可。

用法： 每日3次，成人取药末9克（小儿酌减），以酒15毫升，混匀，煎沸，待温，连药末空心服。

功效： 养血，祛风止痒。

适用： 风毒瘾疹等。

§ 广藿香

别　　名： 藿香、海藿香。

性　　味： 味辛，性微温，无毒。

用量用法： 内服：煎汤，6～10克；或入丸、散。外用：适量，煎水洗；或研末搽。

主　　治： 胎气不安，口臭，冷露疮烂，过敏性鼻炎，预防感冒。

使用宜忌： 阴虚火旺、胃弱欲呕及胃热作呕、中焦火盛热极、温病热病者禁用。

《别录》：风水毒肿，去恶气，止霍乱心腹痛。好古：温中快气，肺虚有寒，上焦壅热，饮酒口臭，煎汤漱。

◆ 原植物：

生长于向阳山坡。

唇形科植物广藿香。

① 多年生草本或灌木，高约1米。

② 茎直立，老枝粗壮，近圆形；幼枝方形，密被灰黄色柔毛。

③ 叶对生，圆形至宽卵形，边缘有粗钝齿或有时分裂，两面均被毛，脉上尤多。

④ 轮伞花序密集成假穗状花序，密被短柔毛；花萼筒状，5齿；花冠紫色，4裂，前裂片向前伸；雄蕊4，花丝中部有长须毛，花药1室。

⑤ 小坚果近球形，稍压扁。

⑥ 我国栽培的罕见开花。

主要产地： 主产于广东、海南、台湾、广西、云南等地。

入药部位： 地上部分。

采收加工： 采后晒干或阴干。

◆ 精选验方：

① 口臭：广藿香适量，洗净，煎汤，漱口。

② 冷露疮烂：广藿香叶、细茶各等份，烧灰，油调涂贴之。

③ 过敏性鼻炎：广藿香、苍耳子、辛夷、连翘各 10 克，升麻 6 克，将药材浸泡于水中，约半小时，用大火煮开，每日 1～2 次。

◆ 养生药膳：

⊙ **藿香薏米汤**

原料：藿香 3 克，薏米 60 克。

制法：薏米淘洗干净，加水适量煎煮约 1 小时至米烂即可。在关火前 15 分钟，把用纱布包好的藿香投入锅中，关火后，去掉纱布包，吃米喝汤。

功效：润肤色。

适用：黄褐斑、面色无光泽或时间较长的痤疮与黯痕。

⊙ **三香茶**

原料：藿香、白芷各 12 克，粉葛根 30 克，木香 10 克，公丁香 6 克。

制法：冷水煎汤。

用法：每日 1 剂，代茶，分多次漱口。

功效：利湿除臭。

适用：多种口臭。

⊙ **祛湿养神茶**

原料：紫苏 10 克，藿香 10 克，广陈皮 5 克。

制法：上三味材料以热水冲泡，浸泡在保温杯中 10～20 分钟即可。

功效：排出体内湿气，提神醒脑。

适用：四肢沉重且伴有精神不振。

⊙ **藿香粳米粥**

原料：藿香 30 克，粳米 100 克。

制法：将藿香洗净，放入铝锅内，煎熬 5 分钟，去渣取汁待用。再将粳米淘净，入锅内加凉水适量，置大火上烧沸，再移小火熬煮。待煮成熟时放入藿香汁，再煮沸后即成。

用法：每日 1 次，供早餐食。

功效：芳香祛秽。

适用：口臭。

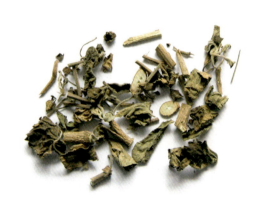

§ 茵陈

别　　名：
茵陈、白蒿、绒蒿、绵茵陈、猴子毛。

性　　味：
味苦，性平、微寒，无毒。

用量用法：
6～15克。外用：适量，煎汤熏洗。

主　　治：
肝炎，胆囊炎，感冒，胆石症，疱疹，高脂血症。

使用宜忌：
非因湿热引起的发黄忌服。

《本经》：风湿寒热邪气，热结黄疸。久服轻身益气耐老。面白悦长年。大明：治天行时疾热狂，头痛头旋，风眼疼，瘴疟。女人癥瘕，并闪损乏绝。

◆ **原植物：**

生长于山坡、河岸、砂砾地较多。菊科植物茵陈蒿。

① 半灌木，高40～100厘米。

② 茎直立，基部木质化，有纵条纹，紫色，多分枝，幼嫩枝被有灰白色细柔毛，老则脱落。基生叶披散地上，有柄，较宽，二至三回羽状全裂，或掌状裂，小裂片线形或卵形，两面密被绢毛；下部叶花时凋落。

③ 茎生叶无柄，裂片细线形或毛管状，基部抱茎，叶脉宽，被淡褐色毛，枝端叶渐短小，常无毛。

④ 头状花序球形，径达2毫米，多数集成圆锥状；总苞片外列较小，内列中央绿色较厚，围以膜质较宽边缘；花淡绿色，外层雌花6～10朵，能育，柱头2裂叉状；中部两性花2～7朵，不育，柱头头状不分裂。

⑤ 瘦果长圆形，无毛。

⑥ 花期9～10月，果期10～12月。

主要产地： 我国自东北至广东都有分布。

入药部位： 幼苗。

采收加工： 春采的去根幼苗，习称绵茵陈，夏割的地上部分称茵陈蒿。

◆ **精选验方：**

① 疖：鲜茵陈叶 20 克，天花粉、石仙桃各 9 克，水煎服。

② 带状疱疹：茵陈蒿、猪苓、鲜仙人掌各 10 克、败酱、马齿苋各 15 克，金银花、紫草、大黄、木通各 5 克，加水煎 2 次，混合两煎所得药汁，每日 1 剂，分早、晚服。

◆ **养生药膳：**

⊙ **化斑汤**

原料：茵陈、夏枯草、六月雪、白茯苓各 12 克，珍珠母 20 克，白僵蚕、白菊花各 9 克，生甘草 3 克。

制法：水煎取汁。

用法：取第一、二次煎煮药液混匀，分 2 次食后服。每日 1 次，2 周为一个疗程。

功效：平肝潜阳，清解郁热，化瘀消斑。

适用：黄褐斑。

⊙ **茵陈蒿粥**

原料：茵陈蒿 30 克，大米 50 克，白糖适量。

制法：将茵陈蒿择净，放入锅中，加水浸泡 5～10 分钟后，水煎取汁，加大米煮粥，待煮至粥熟时，调入白糖，再煮一、二沸即成。

用法：每日 1 剂。

功效：清热利湿，利胆退黄。

适用：湿热黄疸、身黄、目黄、小便黄、小便不利、脘腹胀满、食欲不振等。

§ 马齿苋

别　　名：
马齿菜、马苋菜、猪母菜、瓜仁菜、瓜子菜、长寿菜、马蛇子菜。

性　　味：
性寒，味甘酸；入心、肝、脾、大肠经。

用量用法：
9～15克；鲜品30～60克。外用：适量捣敷患处。

主　　治：
痢疾，肠炎，肾炎，产后子宫出血，便血，乳腺炎等病症。

使用宜忌：
凡脾胃虚寒、肠滑作泄者勿用；煎饵方中不得与鳖甲同入。

第五章　护肤止痒中草药妙用

《开宝》：治痈疮，杀诸虫。生捣汁服，当利下恶物，去白虫。和梳垢，封丁肿。又烧灰和陈醋滓，先灸后封之，即根出。《本草纲目》：散血消肿，利肠滑胎，解毒通淋。治产后虚汗。

◆ **原植物：**

生长于路旁、田间、园圃等向阳处。马齿苋科植物马齿苋。

① 一年生草本，长可达35厘米。茎下部匍匐，四散分枝，上部略能直立或斜上，肥厚多汁，绿色或带淡紫色，全体光滑无毛。

② 单叶互生或近对生，柄极短；叶片肉质肥厚，长方形或匙形，或倒卵形，长0.6～2.7厘米，宽0.4～1.1厘米，先端圆，稍凹下或平截，基部宽楔形，形似马齿，故名"马齿苋"；全缘，上面深色，下面淡绿或暗淡红色，除中脉外，余脉均不明显。

③ 3～5朵簇生长于枝顶4～5叶状的总苞内。萼片2；花瓣5，黄色，凹头，干时开放最盛；雄蕊10～12；子房下位，花柱顶端4～5裂成线形，伸出雄蕊之上。

④ 蒴果圆锥形，自腰部横裂为帽盖状，内有多数黑色扁圆形细小的种子。

⑤ 花期夏季。

主要产地： 分布于全国各省区。

入药部位： 地上部分。

采收加工： 夏、秋两季采收，除去残根及杂质，洗净，略蒸或烫后晒干。

◆ 精选验方：

① 痈肿疮疡、丹毒红肿：马齿苋120克，水煎内服，并以鲜品适量捣糊外敷。

② 带状疱疹：鲜马齿苋60克，捣烂外敷患处，每日2次。

③ 治多年恶疮：马齿苋适量，捣敷之。

④ 治小儿白秃：马齿苋适量，煎膏涂之，或烧灰猪脂和涂。

◆ 养生药膳：

⊙ 马齿苋拌豆芽

原料： 马齿苋、鲜黄豆芽各150克，白糖、醋、味精、酱油、香油各适量。

制法： 马齿苋、鲜黄豆芽分别择好、洗净、沥干备用。锅中加入适量的水煮沸，将马齿苋、鲜黄豆芽分别投入沸水中煮至断生后捞出，沥干后装盘。加入白糖、醋、味精、酱油、香油拌匀即可。

功效： 健脾利湿，护肤丽颜。

⊙ 马齿苋粥

原料： 马齿苋250克，粳米60克。

制法： 粳米加水适量，煮成稀粥，马齿苋切碎后下，煮熟。

用法： 空腹食用。

功效： 清热解毒，益胃和中。

适用： 痢疾便血、湿热腹泻等。

⊙ 凉拌马齿苋

原料： 鲜嫩马齿苋500克，蒜瓣适量。

制法： 将马齿苋去根、去老茎，洗净后下沸水焯；用清水多次洗净黏液，切段放入盘中；将蒜瓣捣成蒜泥，浇在马齿苋上，倒入酱油，淋上麻油，食时拌匀即成。

功效： 清热止痢，乌发美容。

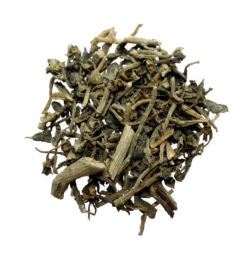

§ 苦参

别　　名：
野槐、好汉枝、苦骨、地骨、地槐、山槐子。

性　　味：
味苦，性寒，无毒。

用量用法：
4.5～9克。外用：适量，煎汤洗患处。

主　　治：
热痢，便血，黄疸尿闭，赤白带下，阴肿阴痒，湿疹，湿疮，皮肤瘙痒，疥癣麻风；外治滴虫性阴道炎。

使用宜忌：
脾胃虚寒者忌服。

《本经》心腹结气，癥瘕积聚，黄疸，溺有余沥，遂水，除痈肿，补中，明目止泪。《别录》：养肝胆气，安五脏，平胃气，令人嗜食轻身，定志益精，利九窍，除伏热肠澼，止渴醒酒，小便黄赤，疗恶疮、下部蚀。渍酒饮，治疥杀虫（弘景）。

◆ **原植物：**

生长于山坡、灌丛及河岸沙地等处。豆科植物苦参。

① 灌木，高1～3米。根圆柱形，外面浅棕黄色。茎直立，多分枝，有不规则的纵沟，幼枝被疏毛。

② 单数羽状复叶，互生，长达25厘米，小叶11～29，叶柄基部有条形托叶；小叶片卵状椭圆形，长3～4厘米，宽1～2厘米，先端稍尖或微钝，基部宽楔形，全缘，下面白绿色，密生平贴柔毛。

③ 顶生总状花序，长约18厘米，约有花30朵；花萼钟状，长6～7毫米，有毛或近无毛；蝶形花冠淡黄色，长约1.5厘米，旗瓣匙形，翼瓣无耳；二体雄蕊。

④ 荚果条形，长5～12厘米，先端具长喙，节间紧缩不甚规则。种子3～7粒，近球形，棕褐色。

⑤ 花期夏季。

主要产地： 我国各省区均有分布。

入药部位： 根。

采收加工： 春、秋采收，以秋采者为佳。挖出根后，去掉根头、须根，洗净泥沙，晒干。鲜根切片晒干，称苦参片。

◆ 精选验方：

① 婴儿湿疹：先将苦参 30 克浓煎取汁，去渣，再将打散的 1 个鸡蛋及红糖 30 克同时加入，煮熟即可，饮汤，每日 1 次，连用 6 日。

② 白癜风：苦参 50 克，丹参、当归尾各 25 克，川芎 15 克，防风 20 克，粉碎如黄豆大，加入 500 毫升 75% 酒精内密封 1 周，取药液外搽皮损，每日 3 次。

③ 猩红热：苦参、枸杞根各 10 克，水煎取药汁，每日 1 剂，分 2 次服用。

◆ 养生药膳：

⊙ 苦参菊花茶

原料： 苦参 15 克，野菊花 12 克，生地黄 10 克。

制法： 将苦参、野菊花、生地黄共研粗末，置保温瓶中，冲入沸水，焖 20 分钟。

用法： 代茶频频饮服，每日 1 剂。

功效： 清热燥湿，凉血解毒。

适用： 痒疹属湿热夹血热症，如痒疹红色（下肢、躯干为多）、遇热加重、皮肤瘙痒等。

⊙ 苦参刺猬酒

原料： 苦参 100 克，刺猬皮 1 具，露蜂房 15 克，黍米 1000 克，曲 150 克。

制法： 先将苦参、刺猬皮、露蜂房捣成粗末，放锅中，加水 750 毫升，煎取汁 500 毫升备用。再将黍米蒸成饭，与药汁、曲相拌，放容器中，密封瓶口，酿造 7～10 日，滤取汁，装瓶备用。

用法： 每日 3 次，饭前温服 10～15 毫升，10 日为 1 个疗程。

功效： 清热解毒，通络止痒。

适用： 各种疥疮。

三七

别　　名： 田七、出漆、参三七、三七粉。

性　　味： 味甘，微苦，性温，无毒。

用量用法： 3～9克，水煎服；研粉吞服，每次1～3克。外用适量。

主　　治： 咯血，肺、胃出血，刺痛，肿毒，心绞痛，赤痢血痢，跌打损伤。

使用宜忌： 孕妇忌服。

《本草纲目》：止血散血定痛，金刃箭伤跌仆杖疮血出不止者，嚼烂涂，或为末掺之，其血即止。亦主吐血衄血，下血血痢，崩中经水不止，产后恶血不下，血运血痛，赤目痈肿，虎咬蛇伤诸病。

◆ **原植物：**

生长于山坡丛林下。

五加科植物三七。

① 多年生草本，高达60厘米。根茎短，茎直立，光滑无毛。

② 掌状复叶，具长柄，3～4片轮生长于茎顶；小叶3～7，椭圆形或长圆状倒卵形，边缘有细锯齿。

③ 伞形花序顶生，花序梗从茎顶中央抽出，花小，黄绿色。

④ 核果浆果状，近肾形，熟时红色。

⑤ 花期6～8月，果期8～10月。

主要产地： 分布于云南、广西。

入药部位： 根和根茎。

采收加工： 夏末、秋初开花前或冬季种子成熟后采收。

◆ **精选验方：**

① 无名肿毒、疼痛不止：三七适量，磨米醋调涂，已破者，研末干涂。

② 扁平苔藓：三七适量，制成薄膜贴于患处，每日3～5次。

◆ **养生药膳：**

⊙ 人参三七炖海参

原料：人参、三七各4.5克，海参150克，食盐适量。

制法：先把海参洗净发好，与人参、三七共放入炖盅内，加水适量先用猛火烧开，再改用小火炖1小时，食时加入食盐调味即可。

功效：补气补血，抗老延年。

适用：尤其适于气血两虚心悸气短、胸中作痛者食之。

⊙ 三七木耳肉汤

原料：三七10克，木耳、牛肉、调料各适量。

制法：将三七研为细末，木耳用水发开，洗净备用；将牛肉洗净，切片，锅中加清水适量煮沸后，调入葱、姜、椒、盐各适量煮沸后，纳入牛肉、木耳等；煮至牛肉烂熟后，调入三七粉，煮沸，味精调味服食，每日1剂。

用法：佐餐食用，可常食。

功效：益气养血，活血化瘀，驻颜延年。

适用：各种出血症。

§ 巴豆

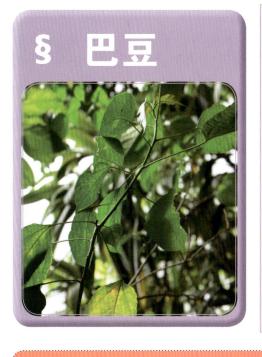

别　　名：
双眼龙、大叶双眼龙、江子、猛子树、八百力、芒子。

性　　味：
味辛，性温，有毒。

用量用法：
内服：入丸、散，0.1～0.3克（用巴豆霜）。外用：绵裹塞耳鼻，捣膏涂或以绢包擦患处。

主　　治：
寒癖宿食，久饮不消，大便秘结。

使用宜忌：
无寒实积滞、孕妇及体弱者忌服。

《名医别录》：疗女子月闭，烂胎，金疮脓血不利。《药性论》：主破心腹积聚结气。治十种水肿，痿痹，大腹。

◆ 原植物

生长于山坡、溪边林中。

大戟科植物巴豆树。

① 常绿灌木或乔木，高2～7米。

② 树皮深灰色，平滑，稍呈细线纵裂；新枝绿色，被稀疏的星状毛。

③ 单叶互生，具柄；叶片卵形或椭圆状卵形，长7～17厘米，宽3～7厘米，先端长尖，基部宽楔形，边缘有浅疏锯齿，上面深绿色，下面较淡，初时两面疏被星状毛，基部具3脉，近柄两侧各具1腺体。

④ 总状花序顶生，花单性，雌雄同株，雌花在下，雄花在上，萼片5，被星状毛，雄花无退化子房，雄蕊多数，花丝在芽内弯曲；花盘腺体与萼片对生；雌花无花瓣，子房3室，密被星状毛。

⑤ 蒴果倒卵形或长圆状，有3个钝角，无毛或有星状毛，3室，每室含种子1粒，种子即巴豆，略呈椭圆形或卵形，稍扁，长1～1.5厘米，宽8～10毫米，厚4～7毫米；表面黄棕色至暗棕色，平滑而少光泽。种阜在种脐的一端，为一细小突起，

易脱落。合点在另一端，为圆形小点，合点与种阜间有种脊，为一略隆起的纵棱线。种皮薄而坚脆，剥去后，可见种仁，油质，不能口尝。

⑥ 花期夏季。

主要产地： 分布于浙江、福建、台湾、湖北、湖南、广西、广东、四川、贵州、云南等省区。

入药部位： 种子。

采收加工： 8~9月果实成熟时采收，晒干后，除去果壳，收集种子，晒干。

◆ 精选验方：

① 治腹大动摇水声，皮肤黑，名曰水臌：巴豆90枚（去皮心），杏仁60枚（去皮尖），并熬令黄，捣和之，服如小豆大一枚，以水下为度，勿饮酒。

② 疮毒及腐化瘀肉：巴豆适量，去壳，炒焦，研膏，点肿处则解毒，涂瘀肉则自腐化。

③ 治荷钱癣疮：巴豆仁3个，连油杵泥，以生绢包擦，每日1~2次。

④ 治疗神经性皮炎：取巴豆去壳30克，雄黄3克，磨碎后用3~4层纱布包裹，每天擦患处3~4次，每次1~2分钟，直至痒感消失，皮炎消退为止。

◆ 养生药膳：

⊙ 巴豆酒

原料： 巴豆3~5粒。

制法： 巴豆研细，放铝壶或玻璃瓶中，加入75%乙醇（酒精）或好烧酒500毫升，炖热外用。

用法： 外熏面瘫之手掌心劳宫穴，每次1~2小时，重者可治疗4小时，每日1次，五次为一疗程。

功效： 温经，祛痰，通络。

适用： 主治面神经麻痹。

§ 甘遂

别　　名：
　　猫儿眼、化骨丹、甘泽、肿手花、萱根子。

性　　味：
　　味苦，性寒，有毒。

用量用法：
　　内服：入丸、散，0.5～1克。外用：适量，研末调敷。内服宜用炮制品。

主　　治：
　　泻水逐饮。用于水肿胀满，胸腹积水，痰饮积聚，气逆喘咳，二便不利。

使用宜忌：
　　气虚、阴伤、脾胃衰弱者及孕妇忌服。

《本草新编》：甘遂，破癥瘕积聚如神，退面目浮肿，祛胃中水结，尤能利水。

◆ 原植物：

生长于山沟底、山坡、路旁和草丛中。大戟科植物甘遂。

① 多年生草本，高25～40厘米，全体含白色乳汁。

② 根细长而微弯曲，部分呈串珠状，亦有呈长椭圆形的，外皮棕褐色，其上生有少数细长侧根及须根。茎直立，下部稍木质化，淡红紫色，上部淡绿色，无毛。

③ 单叶互生，几无柄；茎下部的叶条状披针形，中部的叶窄披针形，长3.5～9厘米，宽0.4～1厘米，先端钝，基部楔形，全缘，光滑无毛。

④ 花单性，雌雄同株，顶生花序有5～9伞梗，每伞梗再2叉状分枝，在各分枝处均有一对长卵状至三角状宽心形全缘的叶状苞片，杯状花序总苞钟状，4裂，腺体4枚，生长于裂片之间的外缘，呈新月形，黄色。

⑤ 蒴果近圆形。

⑥ 花期夏、秋季。

主要产地：分布于河北、山西、陕西、甘肃、河南、四川等省。

入药部位：块根。

采收加工：春季开花前或秋末茎苗枯萎后采挖根部，除去泥土、外皮，以硫黄熏后晒干。

精选验方：

① 脚气肿痛：和甘遂25克，木鳖子仁4个，共研为末，每取12克，放入猪肾中，湿纸包好煨熟，空心吃，米汤送下。

② 卒身面浮肿、上气喘息：甘遂2.5克（煨令微黄），蒜瓣2.5克（煨熟，研），黑豆2.5克（炒热），上药除蒜外，捣罗为末，用蒜并枣肉和丸，如梧桐子大，每服以木通汤下10丸，每日2次。

◆ 养生药膳：

⊙ 甘遂猪心

原料：猪心1个，甘遂6克，朱砂3克。

制法：甘遂研末，以猪心血作丸，放入猪心内，纸裹煨熟；取出甘遂再研末，同水飞朱砂和匀，分作4丸。将猪心炖汤。

用法：食猪心，并以肉汤送服1丸，以腹泻为度，不泻再进1丸。

功效：逐痰饮。

适用：痰迷心窍之癫狂痫症。

⊙ 甘遂烤猪腰子

原料：猪腰子1枚，甘遂3克。

制法：先将猪腰分为7窝，甘遂研为细粉，蘸窝上，烤熟即可。

用法：每日1次，至4～5次，当觉腹胁鸣，小便利即停。食用时不加盐。

功效：和理肾气，通利膀胱。

适用：卒肿满、身面皆洪大等。

第六章 美发乌发中草药妙用

§ 羌活

别　　名： 蚕羌、竹节羌、大头羌、狗引子花、曲药。

性　　味： 味辛、苦，性温。

用量用法： 3～9克，水煎服。

主　　治： 风寒感冒，风湿痹痛，肩背酸痛。

禁　　忌： 该品辛香温燥之性较烈，故阴亏血虚者慎用；阴虚头痛者慎用；血虚痹痛者忌服。

《本经》：风寒所击，金疮止痛，奔豚痫痉，女子疝瘕。《别录》：久服轻身耐老。疗诸贼风，百节痛风，无问久新。

◆ 原植物：

生长于高山灌木林下或草丛中。伞形科植物羌活。

① 多年生草本，高达1米以上。

② 地下有块状或长圆柱形的根状茎和根，有香气；节间长短不等，其节间很短、全体呈蚕形者名蚕羌，节间较长似竹节状者称竹节羌，茎节特别膨大且不规则者名大头羌。茎直立，中空，表面淡紫色，具有纵直的条纹，无毛。

③ 叶互生，有长柄，柄长10～20厘米，基部扩大成鞘，长约3厘米，抱茎，茎基部叶为二至三回单数羽状复叶，质薄，无毛，小叶3～4对，第一回小叶片三角卵形，最下一对小叶具柄，最上一对小叶近无柄，小叶片二回羽状分裂，最终裂片披针形，边缘有不等的钝锯齿；茎上部的叶近无柄，仅有长卵形的鞘。

④ 花多数排列成复伞形花序，伞幅10～15条，各条顶端有20～30条花梗（小伞梗），无总苞片；萼片5，裂片三角形，明显；花瓣5，倒卵形，先端尖，向内折卷，

雄蕊5，花丝细，弯曲；子房下位，2室，花柱2，短而反折，花柱基部扁压状圆锥形。

⑤ 双悬果卵圆形，无毛，背棱及侧棱有翅，棱槽间有3~4油管，接合面有5~6油管。

⑥ 花期8~9月，果期9~10月。

主要产地： 分布于山西、陕西、甘肃、青海、新疆、四川及云南、西藏等省区。

入药部位： 茎和根。

采收加工： 春、秋两季采挖，除去根须及沙土，晒干。

◆ 精选验方：

① 养发润发：羌活、桑叶各4.5克，川芎、藁本各6克，甘菊、天麻、薄荷各3克，煎水1盆，取汁洗头。

② 补肾生发：羌活、木瓜、天麻、白芍、当归、菟丝子、川芎、熟地黄各等量，为末，入地黄膏加炼蜜，丸如梧桐子大，每服百丸，空腹温酒、盐汤送下。

◆ 养生药膳：

⊙ 芎羌活酒

原料： 羌活（去芦头）、川芎、莽草、细辛（去叶苗）、甘草（研、炙）各30克，黑豆（炒）60克。

制法： 上六味药，粗捣筛，分作八帖，每帖用酒1000毫升，煎成五合。

用法： 热酒含漱，咽下无妨。

功效： 治热毒风攻，口面㖞斜及偏风。

⊙ 羌独活酒

原料： 独活（去芦头）60克，五加皮90克，羌活（去芦头）180克，生地黄汁200毫升，黑豆（炒熟）700克，清酒5000毫升。

制法： 上五味药，先将地黄汁煎十余沸后，滤过，羌活、独活、五加皮均切如麻子大，放铛中，入清酒内煮熟，下豆及地黄汁入其中，再煮至如鱼眼沸，取出去滓候冷。

用法： 每次任意服之，常令有酒力为佳。

功效： 祛风止痛，通经络。

适用： 腰痛强直、难以俯仰等。

§ 侧柏叶

别　　名：	扁柏、香柏、柏树、柏子树。

性　　味：
味苦，性微温，无毒。

用量用法：
6～15克，水煎服，或入丸、散。外用适量，煎水洗，捣敷或研末调敷。

主　　治：
哮喘、烧伤、腮腺炎、脱发、痔疮、咯血、便血。

使用宜忌：
多食倒胃。

甄权：治冷风历节疼痛，止尿血。大明：炙窨冻疮。烧取汁涂头，黑润鬓发。

◆ 原植物：

生长于较干燥的山坡。

柏科植物侧柏。

① 常绿乔木，有时为灌木状，高达20米。

② 干直立，分枝很密，小枝扁平，为鳞片状绿叶所包，由中轴向两侧作羽状排列，成一平面。

③ 叶细小，鳞片状，交互对生，除顶端外，紧贴茎着生，侧生叶中线隆起，腹背叶中线较平，各叶自中部以上均线状下凹。

④ 雌雄同株，着生在上年小枝顶上，雄球花卵圆形，短柄；雌球花球形，无柄，淡褐色。

⑤ 球果圆球形，直立，蓝绿色，被白粉，熟前肉质，成熟后变红褐色并木质化，开裂。种鳞8片，顶端及基部1对无种子，其余每片有种子1～2粒；种子卵状，粟褐色，无翅或有棱脊。

⑥ 花期3～4月，果期10～11月。

主要产地：除新疆、青海外，分布几遍全国。

入药部位：枝梢和叶。

采收加工：全年均可采收，以夏、秋季采收者为佳。剪下大枝。干燥后取其小枝叶，扎成小把，置通风处风干。不宜曝晒。

◆ 精选验方：

① 烧伤：鲜侧柏叶300～500克，捣烂如泥，加75%酒精少许调成糊状，以生理盐水冲洗创面，以膏外敷，每3日换药1次。

② 腮腺炎：鲜侧柏叶200～300克，捣烂，鸡蛋清调敷患处，每日换药7～9次。

③ 脱发：鲜侧柏叶25～35克，切碎，浸泡于75%乙醇100毫升中，7日后滤出备用，将药液涂于脱发部位，每日3～4次。

◆ 养生药膳：

⊙ **侧柏叶茶**

原料：侧柏叶10克，红枣7枚。

制法：将侧柏叶制成粗末，入红枣加适量水煮沸即可。

用法：代茶频饮。

功用：凉血止血，祛痰镇咳。

适用：便血、血热脱发、须发早白等。

⊙ **扁柏西洋参茶**

原料：鲜侧柏叶200克，西洋参片15克。

制法：侧柏叶洗净，切碎后加水煮约1小时，最后放入西洋参片，再煮5分钟左右即可饮用。

功效：凉血益气，润肺生津，降血压。

§ 胡桃仁

别　　名：
核桃仁、胡桃肉。

性　　味：
味甘，性平、温，无毒。

用量用法：
内服：煎汤，9～15克；单味嚼服；10～30克；或入丸、散。外用：研末捣敷。

主　　治：
低血压，骨质疏松，慢性气管炎，斑秃。

使用宜忌：
痰火积热或阴虚火旺者忌服。

> 《开宝》：食之令人肥健，润肌，黑须发。多食利小便，去五痔。捣和胡粉，拔白须发，内孔中，则生黑毛。烧存性，和松脂研，敷瘰疬疮。《本草纲目》补气养血，润燥化痰，益命门，利三焦，温肺润肠。治虚寒喘嗽，腰脚重痛，心腹疝痛，血痢肠风，散肿毒，发痘疮，制铜毒。

◆ **原植物**：

我国各地广泛栽培。

胡桃科植物胡桃。

① 落叶乔木，高可达35米。

② 树皮灰色，具纵裂；小枝有片状髓，无毛。

③ 单数羽状复叶互生，叶轴密生腺毛；小叶5～9片，无柄或近无柄，卵形、矩卵形或椭圆状倒卵形，长5～13厘米，宽2～6.5厘米，先端尖，基部圆形，全缘，上面鲜绿色，无毛，下面淡绿色，仅侧脉腋内有一簇短柔毛。

④ 花单性同株，雄花成下垂葇荑花序，雌花序穗状顶生，直立。

⑤ 核果近圆形，外果皮肉质，绿色，内果皮（果核）坚硬，骨质，表面凹凸或皱褶，有2条纵棱，黄褐色。

⑥ 花期5月，果期10月。

> 主要产地：我国各地广泛栽培，尤以华北最多。
>
> 入药部位：种子。
>
> 采收加工：将核桃的合缝线与地面平行放置，击开核壳，取出核仁，晒干。

◆ 精选验方：

① 白癜风：用初生青胡桃 5 个，硫黄（细研）15 克，白矾 0.3 克（研），共研为膏，每日 2～3 次外涂。

② 斑秃：何首乌 20 克，川芎 6 克，核桃 30 克，共研成末，加水略煎或用滚水冲泡代茶饮。

◆ 养生药膳：

⊙ 枣泥羹

原料：枣（鲜）150 克，胡桃 50 克，糯米粉 50 克，白砂糖 200 克。

制法：红枣做成枣泥。核桃剥去内衣后，用杵槌在臼中捣成泥状。烧一小锅开水，将枣泥、核桃泥搅入水中。江米粉用温水调成稀糊，锅再开盖，将江米粉糊缓缓倒进锅里，慢慢搅动，稀稠度随口味决定，口味重的，可加白糖食用。家中如有干桂花、糖、玫瑰花酱，都可放些增味。

功效：补虚养身，益智补脑，常食可红润肌肤。

⊙ 健脑核桃粥

原料：粳米 100 克，核桃仁 25 克，干百合、黑芝麻各 10 克。

制法：将粳米用水淘洗干净，与核桃仁、干百合、黑芝麻同放砂锅中，加入适量水，上火烧沸，再用小火煮至成粥即成。

用法：每日 1 次，早餐食用。

功效：补虚滋阴，健脑益智。

适用：思维迟钝、记忆力减退。

⊙ 核桃仁粥

原料：核桃仁 100 克，大米、白糖适量。

制法：将核桃仁捣碎，大米淘洗净加适量水一同煮粥。

用法：加糖适量服食。

功效：补气养血，益智补脑。

适用：常食润肤、黑发、驻颜悦色。

何首乌

别　　名：	首乌、赤首乌、铁秤陀、红内消。
性　　味：	味苦、涩，性微温，无毒。
用量用法：	3～6克，水煎服。
主　　治：	血虚发白，腰膝酸痛，心肌梗塞，破伤血出，风疹痒痛，大肠风毒，疮痈瘰疬，疥癣。
使用宜忌：	大便清泄及有湿痰者不宜。

《开宝》：瘰疬，消痈肿，疗头面风疮。治五痔、止心痛、益血气，黑髭发，悦颜色。久服长筋骨，益精髓，延年不老。亦治妇人产后及带下诸疾。

◆ 原植物：

生长于山坡石缝间或路旁土坎上。蓼科植物何首乌。

① 多年生草本，长可达3米余。

② 宿根肥大，呈不整齐的块状，质坚硬而重，外面红棕色或暗棕色，平滑或隆曲，切面为暗棕红色颗粒状，显"云锦花纹"。茎缠绕，上部多分枝，常红紫色，无毛。

③ 单叶互生，具柄；叶片为窄卵形至心形，长达7厘米，宽达5厘米，先端渐尖，基部心状箭形、心形或截形，全缘或微波状，托叶鞘干薄膜质，棕色，抱茎，易破裂而残存。

④ 圆锥花序顶生或腋生，花序分枝极多，花梗上有节；苞片卵状披针形；花被5深裂，裂片大小不等，外面3片肥厚，背部有翅；雄蕊8，较花被短。

⑤ 瘦果卵形至椭圆形，全包于宿存的花被内，具三棱，黑色而光亮。

⑥ 花期8～10月，果期9～11月。

主要产地：分布于全国各地。

入药部位：块根。

采收加工：培育3～4年即可收获，但以4年收产量较高，在秋季落叶后或早春萌发前采挖。除去茎藤，将根挖出，洗净泥土，大的切成2厘米左右的厚片，小的不切。晒干或烘干即成。

◆ 精选验方：

① 血虚发白：何首乌、熟地黄各25克，水煎服。

② 疥癣满身：何首乌、艾各等量，锉为末，根据疮多少用药，并煎浓水，盆内盛洗，甚解痛生肌。

③ 大肠风毒：何首乌100克，捣细罗为散，饭前以温粥饮调服5克。

◆ 养生药膳：

⊙ 何首乌黑芝麻红枣生发汤

原料：何首乌、菟丝子各15克，红枣剥开5枚，黑芝麻适量，黑豆粉1匙。

制法：黑芝麻打成粉取2匙。将以上所有材料加水500～1000毫升熬煮成汤。待汤水滚后，可加少许蜂蜜，约10分钟后，即可饮用。

用法：早、晚各服1次，12天一疗程，连服三疗程。

功效：对男性压力过大导致脱发和女性更年期脱发有生发之效，也可作为日常保养头发用，可使头发乌黑亮丽。

§ 诃子

别　名：诃子肉、诃子皮、煨诃子、诃黎勒。

性　味：味苦，性温，无毒。

用量用法：3～9克，水煎服；或入丸、散。外用：煎水熏洗。

主　治：眼结膜炎、咽喉炎、肺炎、胃肠炎、湿疹、久咳失声、须发早白、秃发。

使用宜忌：凡外邪未解、内有湿热火邪者忌服。

《大明》：消痰下气，化食开胃，除烦治水，调中，止呕吐霍乱，心腹虚痛，奔豚肾气，肺气喘急，五膈气，肠风泻血，崩中带下，怀孕漏胎，及胎动欲生，胀闷气喘。并患痢人肛门急痛，产妇阴痛，和蜡烧烟熏之，及煎汤熏洗。治痰嗽咽喉不利，含三数枚殊胜（苏恭）。

◆ 原植物：

多栽培于屋旁、路边各地。

使君子科植物诃子。

① 落叶大乔木，高20～30米。

② 树皮暗褐色，纵裂；小枝、叶芽和幼叶多被棕色亮毛。

③ 单叶互生或近对生，叶柄长1.5～3厘米，微被锈色短柔毛，顶端常有2腺体；叶片长方椭圆形或卵形，长7～20厘米，宽3～10厘米，先端短渐尖，基部近截形，全缘。

④ 穗状花序顶生者常排成圆锥状，花序轴有毛；花两性，花萼合生成杯状，顶端5齿裂，内面有棕黄色长毛，无花瓣，雄蕊10，基部与萼管合生，子房下位，被毛，花柱细长。

⑤ 核果椭圆形或近卵形，长3～5厘米，宽1.5～2.2厘米，表面灰黄色或黄褐色，有5～6条钝棱。

⑥ 花期5～6月，果期次年11月。

主要产地：广西、广东及云南等省区有栽培。

入药部位：果实。

采收加工：秋末冬初果实成熟时采摘，晒干。

◆ 精选验方：

① 慢性湿疹：诃子10克，捣烂，加水1500毫升，小火煎至500毫升，再加米醋500毫升，煮沸即可，取药液浸渍或湿敷患处，每次30分钟，每日3次，每日1剂。

② 久咳失声：诃子、杏仁各15克，通草5克，水煎服。

③ 眼结膜炎：诃子、栀子、苦楝子各等量，共研细粉，每次服6克，每日3次，开水送服。

④ 咽喉炎：诃子适量，加入食盐浸渍30天可用，含于嘴内，慢咽口水；或取盐浸渍诃子2枚，水煎服。

◆ 养生药膳：

⊙ **诃子罗汉茶**

原料：诃子10克（捶碎去籽）、罗汉

果半颗、菊花10克、大海子(胖大海)10克。

制法：将所有药材先过水洗一遍。药材放入杯中后加热水。药材入味后当茶喝。

功效：降火利咽，开嗓，对喉咙有很好的保健疗效。

⊙ 丁砂散

原料：大诃子1个，母丁香15个，百药煎3克，铁粉(针砂)少许(用醋炒7次)，高茶末(茶叶末)少许。

制法：将上药研成细末，用水1大碗熬数沸，去渣。

用法：每晚睡前用温水洗净髭发，用药水掠髭发，次日晨用温水洗净。

功效：白发染黑，生黑发。

§ 石榴皮

别　　名：石榴壳、刘皮、石刘皮、西榴皮。

性　　味：味酸，性温，无毒。

用量用法：6～9克；水煎服，捣汁或烧存性研末。外用：适量，烧灰存性撒。

主　　治：痢疾，脱肛，外痔，稻田皮炎，手足癣，遗精。

使用宜忌：过食石榴伤肺损齿。石榴果皮有毒，当慎用。多食生痰，作热痢。

《滇南本草》：治日久水泻，同炒砂糖煨服，又治痢脓血，大肠下血。同马兜铃煎治小儿疳虫。并洗膀胱。《本草蒙筌》：理虫牙。《本草纲目》：止泻痢，下血，脱肛，崩中带下。《本草求原》：洗斑疗癞。

◆ 原植物：

全国各地均有栽培。

安石榴科植物石榴。

① 灌木或小乔木，高达 7 米。

② 树皮灰褐色，幼枝略带 4 棱，先端常成刺尖。

③ 叶多对生，有柄；叶片长方窄椭圆形或近倒卵形，长 2～9 厘米，宽 1～2 厘米，先端圆钝，基部楔形，全缘，上面有光泽，侧脉不明显。

④ 红色花单生枝顶叶腋间，两性，常有多花子房退化不育，有短梗；花萼肥厚肉质，红色，管状钟形，顶端 5～7 裂，花瓣与萼片同数，宽倒卵形，质地柔软多皱；雄蕊多数，着生萼筒上半部；子房下位，子房室分为相叠二层。

⑤ 浆果近球形，果皮厚革质，顶端有直立宿存花萼。种子多数，有肉质外种皮。

⑥ 花期 5～6 月，果期 7～8 月。

主要产地：全国各地均有。

入药部位：果皮。

采收加工：9～10 月果熟时采收，鲜用。

◆ 精选验方：

① 白癣：鲜石榴皮适量，擦患处，每日 3～5 次。

② 体癣：石榴皮 30 克，生南星 20 克，共捣碎，放入适量米醋里泡 1 天后，即可涂患处，每日 2～3 次。

◆ 养生药膳：

⊙ 石榴皮蜜汁

配料：石榴皮 90 克，蜂蜜适量。

制法：石榴皮洗净，放入砂锅，加水煮沸 30 分钟，加蜂蜜，煮沸滤汁。

用法：随意饮用。

功效：润燥，止血，涩肠。

适用：崩漏带下、虚劳咳嗽、消渴、久泻、久痢、便血、脱肛、滑精等。

⊙ 石榴皮红糖汁

原料：石榴皮 30 克，红糖适量。

制法：把石榴皮洗净，放入砂锅，加水煮沸后，转小火继续煮 30 分钟，去渣取汁，加红糖适量，搅匀。

功效：对脾虚泄泻，久病，便血，脱肛，带下有疗效。

第七章 减肥降脂中草药妙用

§ 荷叶

别　　名：
莲叶、藕叶。

性　　味：
味苦，性平，无毒。

用量用法：
内服：生食、捣汁或煮食，适量。
外用：适量，捣敷。

主　　治：
丹毒疮痈，湿疹，吐血，伤暑，高脂血症，冠心病，动脉硬化，便血崩漏。

使用宜忌：
发黑、有异味的不宜食用。

> 《本草纲目》：生发元气，补助脾胃，涩精滑，散瘀血，消水肿痈肿，发痘疮。治吐血咯血衄血，下血溺血血淋，崩中，产后恶血，损伤败血。止渴，落胞破血，治产后口干，心肺躁烦（大明）。

◆ **原植物：**

生长于水泽、池塘、湖泊中。多为栽培。睡莲科植物莲。

① 多年生水生草本。

② 根状茎横走，肥大而多节，白色，中有孔洞，俗称"莲藕"。

③ 节上生叶，高出水面，叶柄着生长于叶背中央，圆柱形，长而多刺。叶片大，圆形，全缘或稍呈波状，粉绿色。

④ 大花，单生长于花梗顶端，复瓣，红色、粉红色或白色，有芳香；雄蕊多数，心皮多数，埋藏于膨大的花托内，子房椭圆形。

⑤ 花后结"莲蓬"，倒锥形，顶部平，有小孔20～30个，每个小孔内有果实1枚。种子称"莲子"。

⑥ 花期6～7月，果期9～10月。

主要产地： 我国南北各省区均有。

入药部位： 叶。

采收加工： 夏、秋两季采收，晒至八成干时，除去叶柄，干燥。

◆ 精选验方：

① 黄水疮：荷叶适量，烧炭，研细末，香油调匀，敷患处，每日2次。

② 雷头风证：荷叶1枚，升麻25克，苍术25克，水煎温服。

③ 阳水浮肿：荷叶适量烧存性，研末，每服10克，米饮调下，每日3次。

◆ 养生药膳：

⊙ 荷叶减肥茶

原料：干荷叶1把（约10克），干山楂20克（约15片），薏米10克，陈皮10克，冰糖适量，清水700毫升。

制法：将干荷叶、干山楂、薏米和陈皮清洗一下，捞出放入锅中。锅中倒入700毫升清水，大火煮开后，转中火继续煮5分钟。壶中放入冰糖，搁一个漏网，将煮好的茶水倒入壶中，搅拌至冰糖融化即可。

功效：清热解毒，有减肥之效。

适用：肥胖症。

⊙ 荷叶绿豆粥

原料：小米250克，绿豆100克，鲜荷叶2张，面芡50克，白糖适量。

制法：荷叶洗净，入沸水锅中焯一下捞出，用手撕开成六瓣。绿豆下锅加水煮至七成熟时，加进小米熬开花，然后再放荷叶、白糖略煮一下，勾面芡，捞出荷叶即成。

用法：温热食用。

功效：清热解毒，清暑利水。

适用：丹毒、痈肿等。

赤小豆

别　　名： 红豆、野赤豆。

性　　味： 味甘、酸，性平，无毒。

用量用法： 10～30克，水煎服；或入散剂。外用：适量，生研调敷；或煎汤洗。

主　　治： 风湿热痹，水肿胀满，肠痈腹痛，痈肿疮毒。

使用宜忌： 性逐津液，久食令人枯燥。

《药性论》：消热毒痈肿，散恶血、不尽、烦满。治水肿皮肌胀满；捣薄涂痈肿上；主小儿急黄、烂疮，取汁令洗之；能令人美食；末与鸡子白调涂热毒痈肿；通气，健脾胃。《日华子本草》：赤豆粉，除烦，解热毒，排脓，补血脉。

◆ 原植物：

多生长于丘陵低山、河边及村落附近。豆科植物红豆树。

① 常绿乔木，高度中等，喜光。

② 羽状复叶，具小叶5～7片；小叶片长椭圆形或长椭圆状卵形，长5～10厘米，顶端渐尖，两面均光滑无毛。

③ 圆锥花序，花两性，色白或淡红。

④ 荚果木质，扁平，光滑无毛，顶端尖嘴状，长5～8厘米。种子6～8粒，鲜红色有光泽。

⑤ 花期6～7月，果期7～8月。

主要产地： 主要分布在我国长江以南各省（自治区）。

入药部位： 种子。

采收加工： 秋季荚果成熟而未开裂时拔取全株，晒干并打下种子，去杂质，晒干。

◆ 精选验方：

① 全身水肿：红豆树种子、冬瓜各适量，煮汤服用。

② 风瘙瘾疹：赤小豆、荆芥穗等量，研为末，鸡子清调涂之。

◆ **养生药膳：**

⊙ **赤小豆粥**

原料：赤小豆适量，粳米100克。

制法：将赤小豆浸泡半日后，同粳米煮粥。

用法：早餐食用。

功效：健脾益胃，利水消肿。

适用：大便稀薄、水肿病、脚湿气、肥胖病等。

⊙ **枣豆粥**

原料：红枣、赤小豆、花生米（连皮）各30克。

制法：将上料用清水冲洗干净，放入锅内，加适量清水，置小火上煎煮，以豆烂熟为度。

用法：连续食用。

功效：利水，健脾。

适用：慢性肾炎、体虚、浮肿、乏力、面色不华等。

⊙ **赤小豆鲤鱼汤**

原料：赤小豆100克，鲤鱼250克。

制法：赤小豆、鲤鱼洗净，同放瓷罐内，加水500毫升，大火隔水炖烂。

用法：每日1剂，7日为1个疗程。

功效：健脾行水。

适用：脾虚失运下肢浮肿者。

§ 茶叶

腊茶、茶芽、芽茶、细茶、酪奴。

性　　味：味苦、甘，性微寒。

用量用法：3～9克，水煎服；或入丸散，或泡茶，外用：适量，研末调敷。

主　　治：脾胃湿热，积食，腹泻，小便短赤，疟疾，脚趾缝烂疮，月经过多，羊癫风，三阴疟，热毒下痢，虫积，哮喘，腰痛，醉酒，高脂血症，肥胖症。

使用宜忌：失眠者夜间忌饮茶。

别　　名：苦茶、榎、茶、郭璞注、苦荼、蔎、

《神农本草经》：神农尝百草，日遇七十二毒，得茶而解之。《茶录》：汤有三大辨十五辨。一曰形辨，二曰声辨，三曰气辨。《山家清供》：茶，即药也。

◆ 原植物：

我国各地均有栽培。

山茶科植物茶。

① 常绿灌木，偶见乔木状，高1~6米；茎多分枝，枝幼被细毛，老则脱落。

② 单叶互生，具略扁短叶柄；叶片厚质，老则变为革质，长椭圆形或椭圆状披针形，顶端钝尖或渐尖，基部楔形，边缘有锯齿，上面光亮深绿色，无毛，下面淡绿色，幼短柔毛，羽状网脉。

③ 花1~3朵腋生，具微垂花柄，花白色，稍具香气；总苞2；宿存深绿色萼片，花瓣均为5，花瓣近圆形或广倒卵形；雄蕊多数，排成多轮；雌蕊居于中央，子房居于上位。

④ 蒴果，木质化，扁圆三角形，暗褐色。

⑤ 花期10~11月，果实翌年成熟。

主要产地： 现江苏、安徽、浙江、江西、湖北、四川、贵州、云南、陕西等地均有。

入药部位： 芽叶。

采收加工： 春、夏、秋季均可采收，除去杆及杂质，用特殊的加工方法制成。

◆ 精选验方：

① 健美减肥：北山楂0.9克，麦芽、六神曲各0.35克，陈皮0.36克，泽泻0.25克，炒黑白牵牛、草决明各0.3克，赤小豆、藿香、茯苓各0.4克，莱菔子0.2克，夏枯草0.8克，乌龙茶5克，上为细末，煎服，频饮。

② 脾胃湿热、呕逆少食、腹泻、小便短赤：茶叶3克，蔷薇花10克，沸水冲泡，当茶饮。

◆ 养生药膳：

⊙ 薏仁腊八粥

原料：养生茶2包，圆糯米50克，薏苡仁、红薏仁、莲子、芡实、白果、麦片各20克，红枣、黑枣各6粒，桂圆、银耳各30克，水1000毫升。

制法：所有材料洗净泡水4小时，放入电锅内锅中再加水1500毫升，外锅再加水2杯煮至开关跳起，或中火煮30分钟放入焖烧锅60分钟，倒入养生茶包中，或再加入适量的糖10克，移至瓦斯炉上续煮约5分钟即可。

功效：养颜美白。

§ 木瓜

别　　名： 贴梗海棠、铁脚梨、皱皮木瓜、宣木瓜。

性　　味： 味酸，性温，无毒。

用量用法： 5～10克，水煎服；或入丸、散。外用：煎水熏洗。

主　　治： 风湿性关节炎，肩周炎，腰背劳损疼痛，脚气，荨麻疹，消化不良。

使用宜忌： 多食损齿；伤食积滞吐泻慎服。

《纲目》：主霍乱吐利转筋、脚气，皆脾胃病，非肝病也。木瓜，气脱能收，气滞能和（李杲）。

◆ 原植物：

各地常有栽培。

蔷薇科植物贴梗木瓜。

① 落叶灌木，高2～3米。

② 枝外展，无毛，有长达2厘米的直刺。

③ 单叶互生；叶柄长约1厘米；托叶变化较大，革质，斜肾形至半圆形，长约2厘米，边缘有齿，易于脱落；叶片卵形、长椭圆形或椭圆状倒披针形，薄革质，常带红色，长3～9厘米，宽2～5厘米，先端尖，基部楔形，边缘有尖锐重锯齿，无毛或幼时下面稍被毛。

④ 花先叶开放或与叶同放，3～5朵簇生长于二年生枝上；花梗短粗，长约3毫米；萼筒钟状；花瓣5，近圆形，基部有短爪，长达1.5厘米，绯红色，稀淡红色或白色；雄蕊45～50，长为花瓣之半；花柱5，基部合生。

⑤ 梨果卵球形，木质，黄色或带黄绿色，光滑，具稀疏不明显斑点；种子多数，扁平，长三角形。

主要产地：原产于南方。

入药部位：果实。

采收加工：7～8月上旬，木瓜外皮呈青黄色时采收，用铜刀切成两瓣，不去籽。薄摊放在竹帘上晒，先仰晒几日至颜色变红时，再翻晒至全干。阴雨天可用小火烘干。

⑥ 花期3～4月，果期9～10月。

◆ 精选验方：

① 脚气：干木瓜1个，明矾50克，煎水，乘热熏洗。

② 荨麻疹：木瓜18克，水煎，分2次服，每日1剂。

③ 银屑病：木瓜片100克，蜂蜜300毫升，生姜2克，加水适量共煮沸，改小火再煮10分钟，吃瓜喝汤。

◆ 养生药膳：

⊙ 百香木瓜

原料：百香果、青木瓜各600克，白砂糖150克。

制法：把百香果切开，用勺子把囊挖出来放到碗里，加白糖进去搅拌一下。木瓜去皮切薄片后放入充分搅拌均匀，静置半小时后即可以食用。（腌制3小时味道更佳）

用法：不拘时饮。

功效：美容养颜，清热去火。

适用：热病。

⊙ 木瓜银耳糖水

原料：木瓜半只（约200克），银耳3大朵（约20克），冰糖适量（约50克）。

制法：将银耳用温水浸透泡发，洗净，撕成小朵，削皮去籽，切成小块；银耳、木瓜和冰糖一起放入锅里，加适量水煮开，然后转小火炖煮30～60分钟，即可食用。

功效：能养阴润肺，滋润皮肤，防止皱纹过早出现，保持皮肤幼嫩，延缓衰老。

适用：燥热咳嗽、干咳无痰等。

§ 蒲公英

别　　名： 蒲公草、蒲公丁、黄花草、婆婆丁、羊奶奶草、黄花地丁。

性　　味： 味苦、甘，性寒。

用量用法： 10～15克，水煎服。外用：适量，捣敷。

主　　治： 感冒伤风，痈疖疔疮，淋沥涩痛，耳鸣、耳聋，淋病，多种炎症。

使用宜忌： 阳虚外寒、脾胃虚弱者忌用。

《本草述》：能凉血、乌须发。《本草经疏》：入肝入胃，解热凉血之要药。《本草纲目》：乌须发，壮筋骨。《随息居饮食谱》：清肺，散结消痈，养阴凉血，舒筋固齿，通乳益精。

◆ 原植物：

生长于道旁、荒地、庭园等处。菊科植物蒲公英。

① 多年生草本，富含白色乳汁。

② 直根深长。

③ 叶基生，叶片倒披针形，边缘有倒向不规则的羽状缺刻。

④ 头状花序单生花茎顶端，全为舌状花；总苞片多层，先端均有角状突起；花黄色；雄蕊5枚；雌蕊1枚，子房下位。

⑤ 瘦果纺锤形，具纵棱，全体被有刺状或瘤状突起,顶端具纤细的喙,冠毛白色。

⑥ 花期4～5月，果期6～7月。

主要产地： 全国各地均有分布。

入药部位： 全草。

采收加工： 4～5月开花前或刚开花时连根挖取，除净泥土，晒干。

◆ 精选验方：

①皱老皮肤：蒲公英适量捣烂后掺入蜂蜜，涂抹肌肤。

②血亏肾虚、内热失血：何首乌、蒲公英、旱莲草各30克，川芎、香附各10克，水煎洗头，每周1～2次。

◆ 养生药膳：

⊙ 蒲公英美容方

原料：蒲公英（炒）、血余（洗净的人发）、青盐各20克。

制法：在瓷罐中放入一层蒲公英、一层血余、一层盐，然后将罐口封好，将以上药物腌制数日（春秋两季腌5日，夏季腌3日，冬季腌7日），腌好后，用桑柴火煅烧瓷罐，待瓷罐变凉后，取出罐中的药物，研细末备用。

用法：每日清晨取药末5克，以适量的酒调好后下。

功效：美容。

⊙ 蒲公英排毒嫩肤方

原料：蒲公英100克，绿豆50克，蜂蜜10克。

制法：先将蒲公英煎水，取其净汁500毫升，后于蒲公英汁液中加绿豆，煮至绿豆开花，加入蜂蜜调服即可。

用法：此汤需内吃外用，一天分多次吃完，同时以此汤敷脸，30分钟后洗去，持续1周以上。

功效：清热解毒，外涂清污杀菌，营养嫩肤。

⊙ 蒲公英除斑方

原料：蒲公英适量。

制法：将蒲公英倒入约一茶杯开水中，待冷却后过滤。

用法：早、晚洗脸时使用，能使面部更加洁净。

功效：减少患皮炎的几率，还有很好的除斑效果。

第八章 香体除味中草药妙用

§ 香附

别　　名：
莎草、香附、雷公头、三棱草、香头草、回头青、雀头香。

性　　味：
味辛、微苦、甘，性平。

用量用法：
6～9克，水煎服；或入丸散。外用：适量，研末撒或作饼敷、熨。

主　　治：
胃脘胀痛、时发时止、痛连脑胁、呕吐、气滞血瘀型子宫肌瘤、口淡食少。

使用宜忌：
凡气虚无滞、阴虚血热者忌服。

《本草纲目》香附之气平而不寒，香而能窜，其味多辛能散，微苦能降，微甘能和。

《汤液本草》：治崩漏，是益气而止血也。又能化去凝血，是推陈也。

◆ 原植物：

常见的田间杂草，喜生长于耕地、旷野、路旁和草地上。

莎草科植物莎草。

① 多年生宿根草本，高15～50厘米。

② 根状茎匍匐而长，其末端有灰黑色、椭圆形、具有香气的块茎（即香附），有时数个连生。茎直立，上部三棱形。

③ 叶基部丛生，3行排列，叶片窄条形，长15～40厘米，宽2～6毫米，基部抱茎，全缘，具平行脉。

④ 花序形如小穗，在茎顶排成伞形，基部有叶状总苞2～4片；小穗条形，稍扁平，茶褐色，花两性，无花被；雄蕊5个；子房椭圆形，柱头3裂呈丝状。

⑤ 坚果三棱形，灰褐色。

⑥ 花期6～8月，果期7～11月。

主要产地：分布于全国各地。

入药部位：根茎。

采收加工：秋季采挖，去毛须，晒干。

◆ 精选验方：

① 治鸡眼、疣：香附、木贼各15克，加水1300毫升，文火煎至100毫升，备用，先将患处洗净，去硬茧，以不出血为度，再以少量药液加热，用棉签蘸药液涂患处，每日2次；或将备用之药液倒入小容器内2~5毫升，加热，再扣在疣上3~5分钟，连续五次即可。

② 扁平疣：香附子150克，木贼、生薏苡仁各10克，水煎外洗，并同鸦胆子去壳捣烂摩擦局部。

③ 痛经、月经不调：香附子、益母草各20克，丹参25克，白芍15克，水煎服。

◆ 养生药膳：

⊙ 玫瑰香附猪肝汤

原料：玫瑰花、香附各10克，猪肝200克，生姜3片，葱2条，酒1汤匙。

制法：先将香附、玫瑰花加水煎汤（10分钟，玫瑰花后下），然后去渣，加入猪肝、生姜、葱及烧酒，将猪肝煮熟，调味饮食。

用法：每日1剂，分2次饮服。连用25~35日。

功效：此方能消因气瘀所致的发育不良，达到丰胸的目的。还能调理气血，预防妇女病。

⊙ 香附子丸

原料：香附子适量。

制法：香附子炒去毛，为末，每日早、晚揩少许涂牙上；或为末，一半以醋糊丸，一半调白汤吞下。

功效：治口臭。

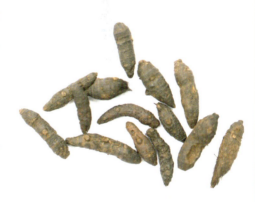

檀香

别　　名： 白檀香。

性　　味： 味辛，性温。

用量用法： 1.5～3克，水煎服；或入丸散。外用：适量，磨汁涂。

主　　治： 冠心病，心绞痛，痛经，乳腺增生，心腹冷痛，气滞血瘀。

使用宜忌： 痈肿溃后，诸疮脓多及阴虚火盛者，俱不宜用。

《纲目》：理卫气而调脾肺，利胸膈。紫檀咸寒，能治金疮。《本草经疏》：恶毒风毒。

◆ 原植物：

野生或栽培。

檀香科植物檀香。

① 常绿小乔木，高6～9米。

② 具寄生根。树皮褐色，粗糙或有纵裂；多分枝，幼枝光滑无毛。

③ 叶对生，革质；叶片椭圆状卵形或卵状披针形，长3.5～5厘米，宽2～2.5厘米，先端急尖或近急尖，基部楔形，全缘，上面绿色，下面苍白色，无毛；叶柄长0.7～1厘米，光滑无毛。

④ 花腋生和顶生，为三歧式的聚伞状圆锥花序；花梗对生，长约与花被管相等；花多数，小形，最初为淡黄色，后变为深锈紫色；花被钟形，先端4裂，裂片卵圆形，无毛；蜜腺4枚，略呈圆形，着生在花被管的中部，与花被片互生；雄蕊4，与蜜腺互生，略与雌蕊等长，花药2室，纵裂，花丝线形；子房半下位，花柱柱状，柱头3裂。

⑤ 核果球形，大小似樱桃核，成熟时黑色，肉质多汁，内果皮坚硬，具3短棱。种子圆形，光滑无毛。

⑥ 花期5～6月，果期7～9月。

主要产地：分布于广东、云南、台湾。国外分布于印度、印度尼西亚。

入药部位：心材。

采收加工：采伐后，锯成段，除去边材，阴干，刨片或劈碎生用。

◆ 精选验方：

① 面上黑痣及疣：白檀香适量，夜以暖浆水洗面后，用生布揩痣，令赤痛，水磨白檀香浓汁，以涂痣上，且以暖浆水洗之，再以鹰屎白粉其上。

② 体臭：用白檀香、沉香各1块，重约0.3克，槟郎1枚，上三味药于沙盆中以水600毫升细磨取尽，滤出渣，银石桃内煎沸候温，分作3服。

◆ 养生药膳：

⊙ 玉容散

原料：檀香、明粉、防风、零陵香、排草香、山奈各60克，白附子、白芷、白蔹、白僵蚕各30克，官粉15克，绿豆粉、冰片各6克。

制法：上为末，用绢罗筛2～3次，至极细。

用法：为清凉性之涂搽剂。

功效：祛风止痒，化斑点。

适用：脾湿受风，血热发斑，黑白斑痕，癣痒硬坚。

§ 白芷

别　名：
香白芷、库页白芷、祈白芷。

性　味：
味辛，性温，无毒。

用量用法：
3～10克，水煎服；或入丸、散。外用：适量，研末撒或调敷。

主　治：
风寒头痛，慢性鼻炎，产后血虚，面容憔悴，疮痈肿痛，风湿痛痒，粉刺，疥癣。

使用宜忌：
阴虚血热者忌服。

《本经》：女人漏下赤白，血闭阴肿，寒热，头风侵目泪出，长肌肤，润泽颜色，可作面脂。治目赤胬肉，去面部疵瘢，补胎漏滑落，破宿血，补新血，乳痈发背瘰疬，肠风痔瘘，疮痍疥癣，止痛排脓。（大明）

◆ 原植物：

兴安白芷：野生者多见于湿草甸子、灌木丛中及河沟两旁沙土或石砾质土壤中。我国南北各地有栽培。

杭白芷：生长于灌木丛间。

伞形科植物兴安白芷、杭白芷。

1. 兴安白芷（祁白芷）①多年生大型草本，高2～2.5米。根粗大，实心，圆锥形，垂直生长，外皮黄褐色，侧根粗长略成纵行排列，基部有横梭形木栓质突起围绕，突起不高，有时窄条形。茎粗壮，圆柱形，中空，常带紫色。②茎生叶互生，有长柄，叶柄基部扩大成半圆形叶鞘，叶鞘无毛，抱茎，亦带紫色，二至三回羽状复叶；小叶片披针形至长圆形，基部下延呈翅状。茎上部叶无柄，仅有叶鞘。③白色小花，排成大形复伞形花序，伞幅通常22～38个，总苞1～2片，膨大呈鞘状，小总苞片通常比花梗（小伞梗）长或等长，花梗10余个，花瓣倒卵形，先端内凹。④双悬果扁平长广椭圆形，分果具5棱，侧棱有宽翅，无毛或有极少毛。⑤花期夏季。

2. 杭白芷（香白芷）本种与兴安白芷很相近，但植株较矮小，高一般不超过2米。主根的侧根略排成四条稍斜纵行，侧根基部的木栓突起粗大而高。花稍小黄绿色，伞幅较少，通常12～27个，小总苞片多数，窄披针形，通常比花梗短。花梗多数，花黄绿色。双悬果椭圆形或圆形，长5～6毫米，宽3.5～5毫米，有疏毛。

主要产地： 兴安白芷：主产于四川、河南、河北等省。东北地区野生种一般不做白芷用，而作独活用，叫大活。

杭白芷： 我国福建、台湾有分布；浙江等省区有栽培。

入药部位： 根。

采收加工： 春播在当年10月中、下旬；秋播于翌年8月下旬叶枯萎时采收，抖去泥土，晒干或烘干。

◆ 精选验方：

①润颜色：白芷、白僵蚕、白附子、山奈、硼砂各9克，石膏、滑石各15克，白丁香3克，冰片0.9克，上为细末，临睡用少许水和，搽面；人乳调搽更妙。

②痈疽赤肿：白芷、大黄等份，为末，

米饮服10克。

③ 刀箭伤疮：香白芷适量，嚼烂涂之。

◆ 养生药膳：

⊙ 白芷当归鲤鱼汤

原料：白芷15克，北芪12克，当归、枸杞子各8克，红枣4个，鲤鱼1条，生姜3片。

制法：各药材洗净，稍浸泡且红枣去核；鲤鱼宰洗净，去肠杂等，置油镬慢火煎至微黄。一起与生姜放进瓦煲里，加入清水2000毫升（约8碗量），大火煲沸后，改为小火煲约1个半小时，调入适量食盐便可。

用法：随量食用。

功效：通经活血，补肾益肝，对女士有丰胸健体作用。

⊙ 川芎白芷鱼头汤：

原料：白芷、山药、枸杞各5克，川芎、党参各3克，鱼头1个，猪瘦肉适量。

制法：先将鱼头和氽过的猪肉过油煎炒，然后加入高汤或开水，水开后将鱼头和肉捞至汤罐中，再把洗净的药料放入锅中，煮熟后将汤和药料倒进罐中，文火煮90分钟，出锅前加入盐、味精、鸡精等调味料即可。

功效：健脾益气，补肾精，乌发固齿。

§ 赤芍

别　名：
红芍药、山芍药、草芍药、木芍药、赤芍药。

性　味：
苦，微寒。归肝经。

用量用法：
6～12克，水煎服。

主　治：
温毒发斑，目赤肿痛，癥瘕腹痛，跌扑损伤，痈肿疮疡。

使用宜忌：
血寒经闭不宜用；反藜芦。

《名医别录》：通顺血脉，缓中，散恶血，逐贼血，去水气。《药性论》：通宣脏腑拥气。治邪痛败血，强五脏，补肾气，消瘀血，能蚀脓治妇人血闭不通。

◆ 原植物

生长于山坡林下草丛中及路旁。毛茛科植物赤芍或川赤芍。

① 川赤芍为多年生草本。

② 茎直立。茎下部叶为二回三出复叶，小叶通常二回深裂，小裂片宽 0.5～1.8 厘米。

③ 花 2～4 朵生于茎顶端和其下的叶腋；花瓣 6～9，紫红色或粉红色；雄蕊多数；心皮 2～5。蓇葖果密被黄色绒毛。

④ 根为圆柱形，稍弯曲。表面暗褐色或暗棕色，粗糙，有横向突起的皮孔，手搓则外皮易破而脱落（俗称糟皮）。

主要产地： 主产于内蒙古、辽宁、吉林、甘肃、青海、新疆、河北、安徽、陕西、山西、四川、贵州等地。

入药部位： 根。

采收加工： 春、秋两季采挖，除去根茎、须根及泥沙，晒干。

◆ 精选验方

① 祛斑、清热止痒：赤芍 12 克，将其放入锅中，加以适量清水煎煮 30 分钟，取汁服用，每日 1 剂，分 2 次温服。

② 酒渣鼻：赤芍、当归、生地黄、川芎、黄芩、赤茯苓、陈皮、红花、生甘草各 3 克，将上述药物一同放入锅中，加生姜两片煎取药液，最后调入五灵脂末 3 克，每日 1 剂，分 2 次温服。

③ 抗皱：赤芍、牛膝、干地黄各 200 克，何首乌 500 克，将诸药研成粉末，清水和为丸，如梧桐子大即可，每日服用 2 次，每次 30 丸。

◆ 养生药膳

⊙ 赤芍炖兔肉

原料：赤芍 15 克，兔肉 300 克，生姜 3 片。

制法：赤芍洗净、稍浸泡；兔肉洗净，切块，置沸水中稍滚片刻，再洗净。一起与生姜放进瓦煲内，加入清水 2000 毫升（8 碗量），武火滚沸后，改文火煲 2 小时，调入适量食盐便可。

用法：佐餐食用，可供 2～3 人食用。

功效：清热凉血，减肥消脂，散瘀止痛。

适用：经闭痛经、肥胖症。

⊙ 槟榔赤芍粥

原料：赤芍 15 克，槟榔 10 克，粳米 100 克，白糖适量。

制法：赤芍碾成细粉，过筛，槟榔、粳米洗干净。赤芍粉、槟榔、粳米同放入锅内，加入水和白糖，煮25分钟即可。

用法：每日1次，单独食用。

功效：行瘀，消肿，止痛，祛痘。

适用：青春痘患者夏季食用尤佳。

§ 天门冬

别　　名：
天冬、明天冬、天冬草、倪铃、丝冬、赶条蛇、多仔婆。

性　　味：
味苦，性平，无毒。

用量用法：
6～12克，水煎服。

主　　治：
阴虚发热，咳嗽吐血，肺痿，肺痈，咽喉肿痛，消渴，便秘。

使用宜忌：
虚寒泄泻及外感风寒致嗽者，皆忌服。

《日华子本草》：镇心，润五脏，益皮肤，悦颜色，补五劳七伤，治烦闷吐血。《本草纲目》：润燥滋阴，清金降火。《名医别录》：保定肺气，去寒热，养肌肤，益气力，利小便，冷而能补。

◆ 原植物

生长于阴湿的山野林边、山坡草丛中或丘陵地带灌木丛中；也有人工栽培。

百合科植物天门冬。

① 多年生攀缘草本，全体光滑无毛。

② 块根肉质，丛生，长椭圆形或纺锤形，长4～10厘米，外皮灰黄色。

③ 茎细长，常扭曲，长1～2米，有很多分枝；叶状枝通常2～4丛生，扁平而具棱，条形或狭条形，长1～2.5厘米，

少数达3厘米，宽1毫米左右，略伸直或稍弯曲，先端刺针状，叶退化成鳞片状，在主茎上变为下弯的短刺。

④黄白色或白色花，花杂性，1～3朵丛生，下垂，花梗中部有关节；花被6片，排成二轮；雄蕊6个，着生长于花被管基部，花药呈丁字形；子房3室，柱头3歧。

⑤浆果球形，熟时红色。种子1粒。

⑥花期夏季。

主要产地： 分布于华南、西南、华中及河南、山东等省区。

入药部位： 块根。

采收加工： 秋、冬采挖，但以冬季采者质量较好。挖出后洗净泥土，除去须根，按大小分开，入沸水中煮或蒸至外皮易剥落时为度。捞出浸入清水中，趁热除去外皮，洗净，微火烘干或用硫黄熏后再烘干。

◆ 精选验方：

①面黑：天门冬适量，晒干捣为末，同蜜捣作丸，每日用之洗面。

②妇人喘、手足烦热、骨蒸寝汗、面目浮肿：天门冬500克，麦门冬（去心）400克，生地黄1500克（取汁为膏），上3味为末，研末和丸如梧子大，每服50丸，煎逍遥散送下。

③心烦：天门冬、麦冬各15克，水杨柳9克，水煎服。

◆ 养生药膳：

⊙ **天门冬人参炖鸡**

原料： 天门冬20克，乌鸡1只，人参15克，鹌鹑蛋10只，白酒少许。

制法： 将鹌鹑蛋煮熟，去壳待用。将人参和天门冬切成薄片，待用。乌鸡洗净，鸡头鸡脚全放入鸡体内，将鸡放入炖盅，把人参和天门冬放在鸡上，倒适量清水，隔水大火炖2小时，加入白酒和鹌鹑蛋，再炖40分钟即可。

功效： 补益气血。

用法： 佐餐食用，每日1～2次。

应用： 适用于气血不足之面色无华、乏力者。

⊙ **天冬粥**

原料： 天冬20克，粳米100克。

制法： 将天冬熬水，约20分钟，去渣留汁，备用。将粳米洗净，锅内加药汁及水适量，煮粥，待粥汁稠黏时停火起锅。

用法： 每食适量。

功效： 润肾燥，益肌肤，悦颜色，清肺降火。

适用： 风湿不仁、冷痹、心腹积聚。

第九章 补肾强身中草药妙用

§ 补骨脂

别　　名： 故纸、破故纸、故之纸、黑故子。

性　　味： 味辛，性大温，无毒。

用量用法： 6～10克。外用：20%～30%酊剂涂患处。

主　　治： 白癜风，斑秃，汗斑，疣，银屑病，鸡眼，早衰，发白，阳痿遗精，腰膝酸软，肾虚腰痛，气管炎。

使用宜忌： 阴虚火旺者忌服。

《日华子本草》：兴阳事，治冷劳，明耳目。《经验后方》：乌髭发。驻颜壮气。

◆ **原植物：**

生长于山坡、溪边、田边。

豆科植物补骨脂。

① 一年生草本，高0.5～1.5米。

② 通体被白色柔毛及黑棕色腺点。茎直立，枝坚硬。

③ 单叶互生，有时枝端叶有1片长约1厘米的侧生小叶，叶片宽卵圆形，长6～9厘米，宽5～7厘米，先端稍尖，基部截形或微心形，边缘有不规则粗齿，近无毛，两面均有显著黑色腺点，叶柄长2～4厘米，侧生小叶柄甚短。

④ 叶腋抽出总状花序，总梗甚长，小花多数，密集上部而呈头状，花梗短，花萼钟状，上面2枚萼齿连合，具黄棕色腺点；蝶形花冠淡紫色，长约4毫米，旗瓣宽倒卵形；雄蕊10，连成一束，较瓣为短。

⑤ 荚果椭圆状卵形，长约5毫米，黑色，熟后不开裂。种子1粒，扁圆形，棕黑色，粘贴着果皮，有香气。

⑥ 花期7～8月，果期9～11月。

主要产地： 产于河南、四川两省，陕西、山西、江西、安徽、广东、贵州等地也有分布。

入药部位： 果实。

采收加工： 秋季果实成熟时，采取果穗，晒干，打下果实，除去杂质。

◆ 精选验方：

① 壮筋骨、乌髭发、益颜色：补骨脂240克，胡桃仁20个，蒜120克，杜仲150克，研为末，蒜膏为丸，每服30丸，空腹温酒下，妇人淡醋汤下。

② 肾虚型慢性气管炎：补骨脂、五味子、麻黄、当归、半夏各9克，水煎服。

③ 阳痿：补骨脂50克，杜仲、核桃仁各30克，共研细末，每次9克，每日2次。

④ 肾虚腰痛：补骨脂、核桃仁各150克，金毛狗脊100克，共研细粉，每服15克，每日2次，温开水送服。

◆ 养生药膳：

⊙ 补骨脂炖猪肚

原料： 补骨脂70克，猪肚5个。

制法： 补骨脂水煎煮，去渣取汁，将药汁与猪肚煮熟，炖至熟烂，加盐调味即可。

用法： 食肉喝汤。每月2剂。

功效： 温肾助阳。

适用： 止泻、驻颜益色、乌髭发，也可治胎动不安。

⊙ 补骨脂白果煮猪腰

原料： 补骨脂10克，白果20克，猪腰子2个，鸡精、料酒、姜、葱、盐各适量。

制法： 将白果去壳，浸泡软，去心；补骨脂洗净，去杂质；猪腰子一切两半，除去白色臊腺，切成腰花；姜切片，葱切段。将白果仁、补骨脂、猪腰子、姜、葱、料酒同放炖锅内，加入清水，置大火烧沸，再用小火煮50分钟，加入盐、鸡精即成。

用法： 每日1次，每次吃猪腰1个。

功效： 敛肺补肾，纳气平喘。

适用： 喘促日久、动则喘甚、气不得续、汗出肢冷、面浮胫肿等。

⊙ 菟丝补骨瘦肉汤

原料： 补骨脂10克，猪瘦肉60克，菟丝子15克，红枣4个。

制法： 补骨脂、菟丝子、红枣（去核）洗净；猪瘦肉洗净、切片。把全部用料放入锅内，加清水适量，大火煮沸后，小火煲1小时，调味供用。

用法： 佐餐食用。

功效： 补肾延寿，美发养颜。

适用： 早衰发白属肾阳虚者，症见未老先衰、须发花白、形态虚弱、头晕耳鸣、腰膝酸软、小便频数，或小便余沥、遗精早泄、皮肤色斑等。

§ 菟丝子

性　　味：
味辛、甘，性平，无毒。

用量用法：
6～15克，水煎服；或入丸、散。外用适量，炒研调敷。

主　　治：
面容憔悴，皮肤不荣，黧黑斑，粉刺、白癜风、带状疱疹、斑秃、阳痿遗精、小便频数、腰膝酸软、遗精早泄，乳汁不通。

使用宜忌：
肾家乡火、强阳不痿者忌之，大便燥结者亦忌之。

别　　名：
豆寄生、无根草、黄丝、黄丝藤、无娘藤、金黄丝子。

《本草经疏》：补不足、益气力、肥健者，三经俱实，则绝伤续而不足补矣。《神农本草经》：久服明目，轻身延年。

◆ **原植物：**

生长于灌丛、草丛、路旁、沟边等地，多寄生长于豆科及菊科植物上。

旋花科植物菟丝子。

① 一年生无色寄生藤本，长可达1米。

② 茎蔓生，左旋、细弱、丝状，直径不足1毫米，随处生寄生根伸入寄主体内。

③ 叶退化成少数鳞片状叶。

④ 夏季开花，花多数，簇生成球形，花梗粗壮；花冠白色，短钟状，长2～3毫米，5裂；雄蕊5个，花丝极短，着生长于花冠裂片之间，下有5鳞片；花柱2，宿存。

⑤ 蒴果球形；种子2～4粒，径1～1.5毫米，淡褐色，表面粗糙。

⑥ 花期7～9月，果期8～10月。

主要产地： 分布于东北、华北及陕西、甘肃、宁夏、江苏、河南、湖北、四川、贵州、西藏等地区。

入药部位： 种子。

采收加工： 菟丝子种子在9~10月收获，采成熟果实，晒干，打出种子，簸去果壳、杂质。

◆ 精选验方：

① 早衰发白：菟丝子、龙骨各240克，鹿茸180克，韭子135克，捣末，炼蜜为丸如梧子大，每日7丸，每日2次，食后温酒下。

② 补肾精、悦颜色：菟丝子、杜仲各90克，车前子、鹿茸、桂心、肉苁蓉、牛膝、附子各60克，熟干地黄150克，捣为末，丸如梧桐子大。每晨空腹及晚食前温酒下30丸。

③ 治粉刺：菟丝子适量，捣绞取汁涂之。

◆ 养生药膳：

⊙ 延年益寿茶

原料： 菟丝子9克，枸杞子9克，沙苑子9克。

制法： 将上三味捣碎后裹入纱布中，然后把纱布包置于杯中，冲入适量开水，加盖焖15分钟即可饮用。

用法： 代茶饮。

功效： 延年益寿，滋补肝肾，驻颜增白，润肤悦色，固精缩尿，明目止泻。

适用： 中老年人尿频、多尿等。

⊙ 菟丝山萸肉炖麻雀

原料： 菟丝子、山萸肉各15克，柴胡3克，麻雀3只（去毛和内脏）。

制法： 菟丝子、柴胡、山萸肉、麻雀共放炖盅炖至麻雀肉熟，去菟丝子、柴胡、山萸肉，加少许盐调味服食。

用法： 每日1料。

功效： 补肾壮阳。

适用： 滑精，初则梦遗频作，继则滑精屡发，头昏、目眩、耳鸣等。

⊙ 菟丝鸡肝粥

原料： 菟丝子末15克，雄鸡肝1具，粟米50克。

制法： 先将鸡肝洗净，切丁备用；将菟丝子用纱布包裹，放入砂罐，加水煎煮，去纱包取汁备用；先将粳米放入砂锅内，加清水适量，煮至粥成后，倒入菟丝子汁，同煮至沸，再下鸡肝，待粥再沸片刻，加佐料调至味鲜即可。

用法： 每日1剂，于早、晚空腹时各温食1次。

功效： 滋补于肾，壮阳养血。

适用： 脱发、阳虚血亏之腰膝酸软、筋骨无力、阳痿早泄等。

肉苁蓉

别　　名：	大芸、寸芸、苁蓉。
性　　味：	味甘，性微温，无毒。
用量用法：	6～9克，水煎服；或入丸剂。
主　　治：	阳痿，不孕，神经衰弱、健忘、听力减退，腰膝痿软，肾虚精亏，尿频，便秘。
使用宜忌：	胃弱便溏、相火旺者忌服。

《药性论》："补精败，面黑劳伤。" "益髓，悦颜色，延年。壮阳，大补益。"

◆ **原植物：**

生长于湖边、沙地树木梭梭中，寄生在梭梭的根上。

列当科植物肉苁蓉。

① 多年生肉质寄生草本，高80～150厘米。

② 茎肉质肥厚，扁平，不分枝，宽5～10厘米，厚2～5厘米。

③ 叶密集，螺旋排列，肉质鳞片状，黄色，无叶柄；基部叶三角卵形，长1～1.5厘米，最宽约1厘米；上部叶渐窄长，三角披针形，长达2厘米，背部被白色短毛，边缘毛稍长。

④ 花茎由茎顶抽出，粗壮扁圆形，径3～7厘米，叶三角窄披针形，较茎生叶稍稀疏，背部及叶缘均有白毛；穗状花序粗大，顶生，长10～20厘米，径5～8厘米，花下有苞片1，与叶同形，但毛被向上渐少，小苞片2，与花萼基部合生，椭圆窄线形，先端渐尖，背面被白毛；花萼5裂，有缘毛；花冠管状钟形，黄色，上部有5裂片，裂片蓝紫色；雄蕊2对，花丝基部有毛，花药箭形，被长毛；子房长卵形，花柱细长，柱头倒三角形。

⑤ 蒴果2裂，种子极多，细小。

⑥ 花期5月。

主要产地： 分布于内蒙古、陕西、甘肃、宁夏、新疆、青海等省区。戈壁滩上甚多。

入药部位： 肉质茎。

采收加工： 春、秋均可采收。

◆ 精选验方：

① 阳痿、遗精、腰膝痿软：肉苁蓉、韭菜子各9克，水煎服。

② 神经衰弱、健忘、听力减退：肉苁蓉、枸杞子、五味子、麦冬、黄精、玉竹各适量，水煎服。

③ 壮元气，益精髓，润髭发：肉苁蓉150克，菟丝子90克，同捣匀，取生地黄汁16升，于银器内慢火熬成膏，另取青竹沥200毫升，放入酒膏内，候黏稠，放冷，和前药，丸如梧桐子大，空腹温酒或盐汤下30～50丸，每日2次。

◆ 养生药膳：

⊙ 肉苁蓉养肾粥

原料： 肉苁蓉、羚羊角屑各15克，羊肾1具、灵磁石、薏苡仁各20克。

制法： 将肉苁蓉酒洗去土，再与羚羊角屑、灵磁石一起水煎，去渣取汁。将羊肾去脂膜细切后与薏苡仁一起放入药汁中煮作粥。

用法： 每日1剂，分2次于空腹时食粥。

功效： 补肾温阳，填精健骨，益气和中。

适用： 身体羸弱、面色黄黑、鬓发干焦、头晕耳鸣等。

⊙ 肉苁蓉豆豉汤

原料： 豆豉150克，萝卜90克，芋头5个，豆腐2块，肉苁蓉12克。

制法： 将豆豉压碎，萝卜切丝，芋头切成细块，豆腐切小方块。肉苁蓉用6杯水，以慢火煎约1小时，煮至约4杯份量，隔渣留汁待用。肉苁蓉汁加放适量水，放入豆豉和少许盐，搅匀溶开，加盖煮。煮滚后放萝卜丝和芋头，加盖煮滚，再放入豆腐，煮至豆腐浮起，调味即可。

服法： 不拘时饮用。

功效： 补脾益肾，延年益寿。

适用： 男子性功效减退。

§ 巴戟天

别　　名：
鸡肠风、鸡眼藤、黑藤钻、兔仔肠、三角藤、糠藤。

性　　味：
味辛、甘，性微温，无毒。

用量用法：
6～15克，水煎服；或入丸、散；亦可浸酒或熬膏。

主　　治：
足膝痿软，阳痿早泄，宫寒不孕，肾病，疝痛。

使用宜忌：
阴虚火旺者忌服。

《神农本草经》：主大风邪气，阳痿不起，强筋骨，安五脏，补中增志益气。《日华子本草》：安五脏，定心气，除一切风。疗水肿。《本草求原》：化痰，治嗽喘，眩晕，泄泻，食少。

◆ 原植物：

生长于山谷、溪边或丘陵地的疏林下。茜草科植物巴戟天。

① 草质性缠绕藤本。

② 根肉质肥厚，圆柱形，有不规则的断续膨大部分，外皮黄褐色。茎有细纵条棱，幼时有褐色粗毛。

③ 叶对生，叶柄长4～8毫米，有褐色粗毛；叶片长椭圆形，长3～13厘米，宽1.5～5厘米，先端短渐尖，基部钝或圆形，稀为窄楔形，全缘，上面深绿色，嫩叶常呈紫色，并有稀疏短粗毛，老时光滑无毛，下面沿中脉上被短粗毛，叶缘有短睫毛；托叶膜质，鞘状。

④ 花序头状，有小花3～10朵，常2～4朵成伞形排列于小枝顶端，稀为腋生；花萼倒圆锥形，不等分裂；花冠肉质漏斗状，白色，4深裂，长4～7毫米；雄蕊4个，着生长于花冠管内近基部，花药几无柄；雌蕊1枚，子房下位，花柱2深裂。

⑤ 核果球形至扁球形，直径6～11毫米，熟时红色。

⑥ 花期4～6月，果期7～11月。

主要产地： 分布于福建、广西、广东等省区。

入药部位： 根。

采收加工： 冬、春季采挖，洗净泥土，除去须根，晒至6～7成干，用木槌轻轻捶扁，晒干；或先蒸过，晒至半干后，捶扁，晒干。

◆ **精选验方：**

① 老人衰弱、足膝痿软：巴戟天、熟地黄各10克，人参4克（或党参10克），菟丝子、补骨脂各6克，小茴香2克，水煎服，每日1剂。

② 男子阳痿早泄、女子宫寒不孕：巴戟天、覆盆子、党参、神曲、菟丝子各9克，山药18克，水煎服，每日1剂。

③ 妇女更年期综合征：巴戟天、当归各9克，淫羊藿、仙茅各9～15克，黄柏、知母各5～9克，水煎服，每日2剂。

◆ **养生药膳：**

⊙ **巴戟首乌猪脊骨汤**

原料： 猪脊骨（连脊肉、脊髓）500克，巴戟天15克，何首乌、生地黄各50克，当归头10克，红枣5个。

制法： 猪脊骨洗净，斩件；当归头洗净切片，红枣去核洗净，巴戟天、何首乌、生地黄均洗净，将全部用料放入清水锅内，大火煮滚后，改小火煲3小时，调味供用。

用法： 佐餐食用。

功效： 润肤美容，益精补髓。

适用： 面色黄白、肌肤不泽、视物模糊、须发斑白、面容憔悴等。

⊙ **巴戟天酒**

原料： 巴戟天200克，黄芪、当归、鹿角、熟地黄、益母草各60克，白酒2000毫升。

制法： 将上药加工捣碎，装入纱布袋，放入酒坛，倒入白酒，密封坛口，浸泡7日后即成。

用法： 每日2次，每次20毫升。

功效： 温肾，调经。

适用： 肾元虚寒所致的不孕症。

⊙ **巴戟煲鸡肠**

原料： 巴戟天15克，鸡肠2～3副。

制法： 鸡肠剪开洗净，同巴戟天放砂锅内，加清水500毫升煮汤。

用法： 去药渣，吃肠饮汤，每日2次。

功效： 温补肾阳。

适用： 肾阳亏虚引起的精子活力低下或少精子症。

适用： 阴阳两虚型糖尿病患者。

§ 杜仲

别　　名：
盐杜仲、杜仲炭、黑杜仲、炒杜仲、川杜仲、绵杜仲、焦杜仲。

性　　味：
味辛，性平，无毒。

用量用法：
6～9克，水煎服；浸酒或入丸、散。

主　　治：
腰腿酸痛，筋脉挛急，妊娠漏血，胎动不安，流产，高血压，颜面无华，须发早白。

使用宜忌：
阴虚火旺者慎服。

《神农本草经》：主腰脊痛，补中益精气，坚筋骨，强志，除阴下痒湿，小便余沥。

《日华子本草》：治肾劳，腰脊挛。入药炙用。

◆ 原植物：

生长于较温暖地区。普遍栽培，偶有野生。

杜仲科植物杜仲。

① 落叶乔木，高10～20米。

② 枝、叶、树皮、果皮内含橡胶，折断后有很多银白色细丝，故俗称"扯丝皮"。树皮灰色。小枝淡褐色或黄褐色，具细小而明显的皮孔。

③ 叶互生，具短柄；叶椭圆形或椭圆状卵形，长6～13厘米，宽3.5～7厘米，先端长渐尖，基部圆形或宽楔形，边缘具锯齿，有时略呈钩状。

④ 花单性，雌雄异株，无花被，春夏先叶开放或与叶同时开放，单生长于小枝基部；雄花苞匙状倒卵形；雄蕊6～10个，花药条形，花丝极短；雌花具短花梗，子房窄长，顶端有2叉状花柱。

⑤ 翅果扁而薄，长椭圆形。种子1粒。

⑥ 花期3～5月，果期7～9月。

主要产地：分布于陕西、甘肃、浙江、江西、河南、湖南、广西、广东、四川、贵州、云南等省区。

入药部位：树皮。

采收加工：一般采用局部剥皮法。在清明至夏至间，选取生长15～20年以上的植株，按药材规格大小，剥下树皮，刨去粗皮，晒干。置通风干燥处。

◆ 精选验方：

① 乌髭发，壮腰膝：杜仲、补骨脂、胡桃仁各30克，研细，和蜜为丸，如梧子大，空腹温酒下30丸，补下元。

② 小便淋漓、阴部湿痒：杜仲15克，丹参10克，川芎、桂枝各6克，细辛3克，水煎服，每日1剂。

③ 早期高血压病：生杜仲20克，桑寄生25克，生牡蛎30克，白菊花、枸杞子各15克，水煎服。

④ 预防流产：杜仲、当归各10克，白术8克，泽泻6克，加水煎至150毫升，每日1剂，分3次服。

◆ 养生药膳：

⊙ **杜仲羊骨粥**

原料：杜仲10克，陈皮6克，草果2枚，羊骨1节，粳米50克，姜30克，盐少许。

制法：将羊骨洗净锤破，粳米淘洗干净，杜仲打成粉；羊骨、杜仲粉、姜、盐、草果、陈皮均放入锅内，加适量清水没过，用大火烧沸后，专用小火煮至浓汤，捞出羊骨、草果、陈皮，留汤汁。另起一锅，放入粳米、羊骨汤，用大火烧沸后，再用小火煮至米烂粥成即可。

功效：健骨强腰。

⊙ **杜仲茶**

原料：杜仲茶5～15克。

制法：85度左右开水冲泡，以500毫升水为宜，加盖闷泡5分钟，效果最佳。

用法：保健量每日15～25克，治疗量每日30克。每泡反复冲泡不宜超过3次。

功效：降血压、强筋骨、补肝肾，同时对降脂、降糖、减肥、通便排毒、促进睡眠效果明显。

⊙ **清脑羹**

原料：杜仲、银耳各50克，冰糖250克。

制法：杜仲加水煎熬3次，收取药液5000毫升；干银耳用温热水发透，择去杂质，揉碎，淘洗干净；冰糖用水溶化后，置小火上熬至色微黄时，过滤去渣。锅内放入杜仲药汁，下入银耳，置旺火上烧沸后，移小火上久熬，至银耳熟烂，冲入冰糖水即成。

用法：空腹食用，连服数剂。

功效：补肝肾，壮筋骨，延年驻颜，养颜美容。

适用：腰腿疼痛。

冬虫夏草

别　　名： 虫草、冬虫草、夏草冬虫。

性　　味： 味甘，性平。

用量用法： 3～9克，水煎服；或与鸡、鸭、猪肉等炖服；或入丸散。外用：适量研末。

主　　治： 早衰，皮肤粗糙，斑秃，肺结核咳嗽，咯血，老年虚喘，肾虚腰痛，阳痿，遗精，贫血。

使用宜忌： 有表邪者慎用。

《本草从新》：保肺益肾，止血化痰，已劳嗽。《药性考》：秘精益气，专补命门。

◆ 原植物：

多生长于高寒山区、草原、河谷、草丛中。

麦角科（肉座菌科）植物冬虫夏草。

① 冬虫夏草寄生在垫居于土中的鳞翅目蝙蝠蛾科蝙蝠蛾属昆虫绿蝙蝠蛾的幼虫体内，冬季菌丝侵入虫体，吸取其养分，致使幼虫全体充满菌丝而死；夏季自虫体头部生出子座，露出土外。

② 子座单生，细长如棒球棍状，全长4～11厘米，头部稍膨大呈窄椭圆形，与柄部近等长或稍短，表面深棕色，断面白色；柄基部留在土中与幼虫头部相连，幼虫深黄色，细长圆柱状，长3～5厘米，有20～30环节，腹面有足8对，形略如蚕。

主要产地： 分布于甘肃、青海、四川、云南、西藏等省区。

入药部位： 虫体。

采收加工： 夏季出土，子囊孢子未发散时采收，晒干或低温干燥。

◆ 精选验方：

① 肾虚阳痿、遗精：虫草10～15克，与鸭、鸡、瘦猪肉等蒸食或炖食。

② 糖尿病：鸭子1只治净，将虫草250克纳入鸭腹内，加水适量放瓦锅内隔

水炖熟，调味服食。

③ 贫血、阳痿、遗精：冬虫夏草25～50克，炖肉或炖鸡服。

◆ 养生药膳：

⊙ 冬虫夏草炖老鸭汤

原料：冬虫夏草5枚，老鸭1只。

制法：在鸭胸尾部横着开刀，去内脏、肛门，洗净沸水锅中氽半分钟捞出，斩去鸭嘴，将鸭翅扭翻在背上盘好；用牙签在鸭的胸腹上斜戳若干深约一寸的小孔，每戳一孔，插入1根国宝北虫草，虫草的用料在5克左右。放入葱段、姜片、料酒，大火烧开后，用小火加以烹饪。汤沸之后，至少煲3个小时以上，待鸭肉熟烂，加鸡精、盐、胡椒粉调味，即可食用。

功效：强身健体，提高免疫力。

适用：病后虚损。

§ 枸杞子

别　名：枸杞、西枸杞、枸蹄子、枸杞果、地骨子、枸杞豆、血杞子。

性　味：味苦、性寒。

用量用法：5～15克，水煎服；或入丸、散、膏、酒剂。

主　治：体弱早衰，体虚萎黄，肝肾不足，头晕盗汗，肾虚腰痛，高脂血症，萎缩性胃炎，阳痿，妊娠呕吐。

使用宜忌：外邪实热、脾虚有湿及泄泻者忌服。

《本草纲目》：滋肾，润肺，明目。《药性论》：能补益精诸不足，益颜色，变白，明目，安神，令人长寿。

◆ 原植物：

生长于原野及山野阳坡；多为栽培。茄科植物枸杞。

① 灌木，高1～2米，全体光滑无毛。

② 主根长，有支根，外皮黄褐色，粗糙。茎多分枝，枝条细长，先端通常弯曲下垂，外皮灰色，小枝常刺状。

③ 叶互生或有时簇生，有短柄；叶片卵状披针形至菱状卵形，长2～6厘米，宽0.6～2.5厘米，先端尖或钝，基部窄楔形，全缘。

④ 花单生或3～5朵簇生叶腋；花冠漏斗状，淡紫色，先端5裂，裂片基部有紫色条纹，筒内雄蕊着生处，有毛1轮；雄蕊5，挺出花外，花药丁字状着生，花盘5裂，围绕子房下部；子房2室，花柱细长，伸出花外。

⑤ 浆果卵形至卵状长圆形，长0.5～2厘米，熟时深红色至桔红色；种子多数。

⑥ 花期8～9月，果期9～10月。

主要产地： 我国南北各省区均有分布。

入药部位： 果实。

采收加工： 夏、秋果实成熟时采摘，除去果柄，置阴凉处晾至果皮起皱纹后，再曝晒至外皮干硬、果肉柔软即得。遇阴雨可用微火烘干。

◆ 精选验方：

① 肝肾不足、头晕盗汗、迎风流泪：枸杞子、菊花、熟地黄、怀山药各20克，山萸肉、牡丹皮、泽泻各15克，水煎服。

② 男性不育：枸杞子每晚15克，嚼碎咽下，连服1个月为1个疗程。一般服至精液常规转正常后再服1个疗程。

③ 肥胖病：枸杞子30克，每日1剂，当茶冲浸，频服，或早晚各1次。

④ 延年益寿：取枸杞子10粒，洗净后放入口中含化，约半小时后嚼烂咽下，每日3～4次。

◆ 养生药膳：

⊙ 枸杞酒

原料： 枸杞子120克，白酒1000毫升。

制法： 将枸杞子洗净晾干，与白酒共置入容器中，密封浸泡7日以上即可饮用。

用法： 每日早、晚各1次，每次20毫升。

功效： 滋肾润肺，补肝明目。

适用： 肝肾阴亏或精血不足所致的头昏目眩、视物不明、目暗多泪、五心烦热、遗精、失眠多梦、腰膝酸痛、舌红少津等。

⊙ 枸杞粥

原料： 白米150克，1杯山药，300克枸杞，2大匙水8杯。

制法： 白米洗净沥干，山药去皮洗净切小块。锅中加水 8 杯煮开，放入白米、山药、枸杞续煮至滚时稍搅拌，改中小火熬煮 30 分钟即成。

功效： 补血明目，可使抵抗力增强、预防疾病。健康之人常食，可延年益寿。

§ 覆盆子

别　　名：
牛奶母、种田泡、翁扭。

性　　味：
味甘，性平，无毒。

用量用法：
6～12 克，水煎服；入酒剂或丸散，或熬膏。外用：榨汁为膏涂。

主　　治：
目视昏暗，须发早白，阳痿，遗精，遗尿，肺虚寒，缺铁性贫血。

使用宜忌：
肾虚有火、小便短涩者慎服。

《本草品汇精要》：补肝明目，滋阴驻颜。《本草蒙筌》：明目黑发，耐老轻身。

◆ **原植物：**

生长于向阳山坡、路边、林边及灌木丛中。

蔷薇科植物掌叶覆盆子。

① 落叶灌木，高 2～3 米，幼枝有少数倒刺。

② 单叶互生，掌状 5 裂，中裂片菱状卵形，边缘有重锯齿两面脉上被白色短柔毛，叶柄细长，散生细刺。

③ 花单生长于叶腋，白色或黄白色，具长梗；花萼卵状长圆形，内外均被毛；花瓣近圆形；雌雄蕊多数，生长于凸起的

花托上。

④聚合果球形，红色。

⑤花期4~5月，果期6~7月。

主要产地：分布于浙江、湖北、四川、安徽等地。

入药部位：果实。

采收加工：夏初采收，晒干。

◆ 精选验方：

①须发白：用覆盆子适量，榨取汁，和成膏，涂之。

②固牙齿：地骨皮、生地黄各15克，覆盆子、牛膝、黄芪、五味子各90克，桃仁、菟丝子、蒺藜子各120克，捣罗为末，炼蜜丸如梧桐子大，每日早晨空腹下40丸。

③治疗阳事不起：覆盆子适量，酒浸，焙研为末，每日酒服9克。

◆ 养生药膳：

⊙ 覆盆子粥

原料：粳米100克，覆盆子（干）30克，蜂蜜15克。

制法：将覆盆子洗净，用干净纱布包好，扎紧袋口；粳米淘洗干净，用冷水浸泡半小时，捞出，沥干水分；取锅放入冷水、覆盆子，煮沸后约15分钟；拣去覆盆子，加入粳米，用大火煮开后改小火煮；续煮至粥成，下入蜂蜜调匀即可。

功效：益肾，固精，缩尿，明目，悦肤黑发，滋阴驻颜。

⊙ 覆盆子蜜饮

原料：覆盆子200克，蜂蜜25克。

制法：先将覆盆子去杂，清洗干净放入锅内，加水适量煮20分钟，然后加蜂蜜煮沸，即可出锅。

功用：补肾固精，补中润燥。

适用：虚劳咳嗽、肺燥干咳、小便频数、阳痿、遗精、目暗等病症；健康人饮用能乌发、明目，益颜色而健美。

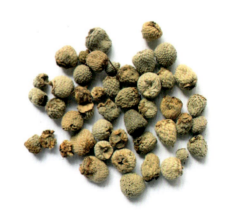

§ 女贞子

别　名：
爆格蚤、冬青子。

性　味：
味苦，性平，无毒。

用量用法：
6～15克，水煎服；或入丸剂。外用：适量，敷膏点眼。

主　治：
肾虚腰酸，视物模糊，腰膝酸软，神经衰弱，慢性气管炎，斑秃，黄褐斑。

使用宜忌：
脾胃虚寒泄泻及阳虚者忌服。清虚热宜生用，补肝肾宜熟用。

《本草蒙筌》：黑发黑须，强筋强力。《本草纲目》：强阴，健腰膝，变白发、明目。

◆ 原植物：

生长于山坡向阳处，在气候温暖地区的湿润地生长较好。有栽培。

木犀科植物女贞。

① 常绿大灌木或乔木，高达10米。

② 树干直立，树皮灰绿色，光滑不裂，枝开展，平滑无毛，具明显的皮孔。

③ 叶对生；叶柄长1～2厘米；叶片卵形至卵状披针形，长6～12厘米，宽4～6厘米，先端急尖或渐尖，基部宽楔形或圆形。

④ 白色小花，圆锥花序顶生，花芳香，密集，几无梗；花萼及花冠钟状，均4裂；雄蕊2；子房上位，花柱细长，柱头2浅裂。

⑤ 浆果状核果，长圆形，一侧稍凸，长约1厘米，熟时蓝黑色。

⑥ 花期6～7月，果期8～12月。

主要产地： 分布于河北、山西、陕西、甘肃、山东、江苏、浙江、安徽、江西、福建、台湾、河南、湖北、湖南、广西、广东、四川、贵州及云南等省区。

入药部位： 果实。

采收加工： 女贞移栽后4～5年开始结果，在每年12月果实变黑而有白粉时打下，除去梗、叶及杂质，晒干或置热水中烫过后晒干。

◆ 精选验方：

① 用于油风，脱发：女贞子、旱莲草、丹参各100克，共研为细末（或水泛为丸），每日早、晚各服6克。

② 用于肝肾不足之眩晕，骨蒸劳热，腰膝酸软，须发早白等：女贞子、制何首乌各12克，桑椹15克，旱莲草10克，水煎服。

③ 用于须发早白：女贞子、旱莲草、何首乌、熟地黄各10克，水煎，每日1剂，分3次服，连服15剂。

◆ 养生药膳：

⊙ 二子菊花饮

原料： 女贞子、枸杞子各15克，菊花10克。

制法： 将以上三味洗净，水煎取汁，代茶饮汁。

功效： 补肝肾，养肝明目。

适用： 肝肾阴虚、眼目干涩、视物昏花、视力减退。

⊙ 女贞子酒

原料： 女贞子200克，低度白酒500毫升。

制法： 冬季果实成熟时采收，将女贞子洗净，蒸后晒干，放入低度白酒中，加盖密封，每天振摇1次，1周后开始服用。

用法： 每日1～2次，每次1小盅。

功效： 补益肝肾，抗衰祛斑。

适用： 老年脂褐质斑。

⊙ 女贞子桑椹糕

原料： 面粉200克，白糖300克，女贞子20克，桑椹、旱莲草各30克，鸡蛋10个，酵母、碱水各适量。

制法： 将女贞子、桑椹、旱莲草放入锅中加水煎约20分钟取汁，鸡蛋打散。将面粉、酵母、鸡蛋液、白糖与药汁拌匀揉成团，待发酵后加入碱水揉好做成蛋糕，上蒸笼蒸约15分钟至熟。

用法： 可当作点心吃。

功效： 延缓衰老，强壮筋骨。

第十章 聪耳明目中草药妙用

§ 菊花

别　　名：
　　白菊、亳菊、滁菊、贡菊、怀菊、祁菊、川菊、杭白菊、白茶菊、黄菊花、杭黄菊、白菊花、黄甘菊。

性　　味：
　　味苦，性平，无毒。

用量用法：
　　5～10克，水煎服；或入丸、散。外用：适量，煎汤沐发。

主　　治：
　　风热感冒，咽喉不利，眼目昏暗，咽干唇燥、咳嗽，须发早白，脱发，粉刺，年老颜衰。

使用宜忌：
　　气虚胃寒、食少泄泻之病，宜少用之。

《本经》：诸风头眩肿痛，目欲脱，泪出，皮肤死肌，恶风湿痹。《别录》：久服利血气，轻身耐老延年。疗腰痛去来陶陶，除胸中烦热，安肠胃，利五脉，调四肢。

◆ **原植物：**

　　喜温暖湿润气候，阳光充足，忌遮荫。耐寒，稍耐旱，怕水涝，喜肥。均系栽培。

　　菊科植物菊。

　　① 多年生草本，茎直立，具毛，上部多分枝，高60～150厘米。

　　② 单叶互生，具叶柄；叶片卵形至卵状披针形，长3.5～5厘米，宽3～4厘米，边缘有粗锯齿或深裂成羽状，基部心形，下面有白色毛茸。

　　③ 亳菊：花序倒圆锥形，常压扁呈扁形，直径1.5～3厘米。总苞碟状，总苞片3～4层，卵形或椭圆形，黄绿色或淡绿褐色，外被柔毛，边缘膜质；外围舌状花数层，类白色，纵向折缩；中央管状花黄色，顶端5齿裂。

　　滁菊：类球形，直径1.5～2.5厘米。苞片淡褐色或灰绿色；舌状花白色，不规则扭曲，内卷，边缘皱宿。

贡菊：形似滁菊，直径1.5～2.5厘米。总苞草绿色。舌状花白色或类白色，边缘稍内卷而皱缩；管状花少，黄色。

杭菊：呈碟形或扁球形，直径2.5～4厘米。

怀菊、川菊：花大，舌状花多为白色微带紫色，有散瓣，管状花小，淡黄色至黄色。

④ 瘦果矩圆形，具4棱，顶端平截，光滑无毛。

⑤ 花期9～11月，果期10～11月。

主要产地：全国大部分省份均有种植，其中以安徽、浙江、河南、四川等省为分布区。

入药部位：头状花序。

采收加工：霜降前花正盛开时采收，其加工法因各产地的药材种类而不同。白菊：割下花枝，捆成小把，倒挂阴干。然后摘取花序。滁菊：摘取花序。经硫黄熏过，晒至六成干时，用筛子筛成球状，晒干。贡菊：摘取花序，烘干。杭菊：有杭白菊、杭黄菊两种，杭白菊摘取花序，蒸后晒干；杭黄菊则用炭火烘干。

◆ **精选验方**：

① 眼目昏暗：菊花120克，枸杞子90克，肉苁蓉60克，巴戟天30克，研为细末，炼蜜为丸，每次6克，温开水送下。

② 脱发，令徐发由白转黑：甘菊花60克，蔓荆子、干柏叶、川芎、桑白皮、白芷、墨旱莲、细辛各30克，粗筛，每用药60克，将水3大碗煎至2大碗，去渣、沐发。

◆ **养生药膳**：

⊙ **白菊煮猪肝**

原料：白菊花、沙苑子、决明子各10克，猪肝60克。

制法：将白菊花、沙苑子、决明子用新纱布包好，与猪肝同入砂锅内，加适量清水小火煎煮半小时。

用法：将肝切片，加少许调味食用，喝汤，每日内服完。连服数剂。

功效：清肝明目，养血补虚。

适用：肝虚血少及肝热所致的头晕、目昏、目暗等。

⊙ **菊花粥**

原料：菊花适量，粳米100克。

制法：秋季霜降前，将菊花采摘去蒂，烘干或蒸后晒干，亦可置通风处阴干，然后磨粉备用。先用粳米煮粥，待粥将成时，调入菊花末10～15克，稍煮一、二沸即可。

用法：早餐食用。

功效：可除皱，悦颜色，养肝血，除热解渴明目。

适用：面部皱纹渐多，色素沉着，高血压病、冠心病、肝火头痛、眩晕目暗、风热目赤等。

§ 夏枯草

别　　名：
棒槌草、铁色草、大头花、夏枯头。

性　　味：
味苦、辛，性寒，无毒。

用量用法：
9～15克，水煎服，或入丸散。外用：适量，煎水洗或捣敷。

主　　治：
瘰疬，乳痈，头目眩晕，肺结核，急性黄疸型肝炎，筋脉疼痛，高血压，粉刺。

使用宜忌：
脾胃虚弱者慎服。

《本经》：寒热瘰疬鼠瘘头疮，破癥，散瘿结气，脚结湿痹，轻身。

◆ **原植物：**

生长于路旁、草地、林边。

唇形科植物夏枯草。

① 多年生草本，高约30厘米，全株被白色细毛，有匍匐根状茎。茎多不分枝，四棱形，直立或斜向上，通常带红紫色。

② 叶对生，茎下部的叶有长柄，上部叶渐无柄；叶片椭圆状披针形或菱状窄卵形，长1.5～4.5厘米，宽0.5～1.4厘米，先端钝头或钝尖，基部楔形，全缘或有疏锯齿，两面均有毛，下面有腺点。

③ 轮伞花序，6花一轮，下被一对宽肾形被硬毛的苞片，多轮密集成顶生穗状花序，长2～5厘米，宽约2厘米，形如棒槌；花序基部有叶状总苞一对；花萼筒状，花冠唇形，紫色或白色；上唇帽状，2裂，下唇半展，3深裂；雄蕊4个伸出花冠外。

④ 小坚果三棱状长椭圆形，褐色。

⑤ 花期春末夏初。夏末全株枯萎，故名夏枯草。

主要产地： 全国各地多有分布。

入药部位： 全草或果穗。

采收加工： 夏季当果穗半枯时采下，晒干。

◆ **精选验方：**

① 肝虚目痛（冷泪不止、羞明畏日）：夏枯草25克，香附子50克，共研为末，每服5克，茶汤调下。

② 治汗斑白点：夏枯草适量，煎成浓汁，每天洗患处。

③ 预防麻疹：夏枯草25～100克，水煎服，每日1剂，连服3天。

◆ **养生药膳：**

⊙ 夏枯草煲猪肉汤

原料： 夏枯草50克，猪肉250克，盐2克，味精1克。

制法： 先把夏枯草择去杂物，用清水洗净，用刀切成段。将瘦肉放入滚水锅内煮5分钟，捞出，再清洗一次。用清水9杯或适量放入煲内煲滚，放入夏枯草、瘦肉，用大火煲滚，再改用小火煲2小时，加入精盐、味精调味，即可食用。

功效：可美目养眼，具清热，散郁结之效。

适用：头晕目眩。

⊙ 夏枯草粥

原料：夏枯草10克，粳米50克，冰糖少许。

制法：夏枯草洗净入砂锅内煎煮，去渣取汁，粳米洗净入药汁中，粥将熟时放入冰糖调味。

用法：每日2次，温热食用。

功效：清肝，散结，降血压。

适用：瘰疬、乳痈、头目眩晕、肺结核、急性黄疸型肝炎等。

苍术

别　　名：茅苍术、北苍术、制苍术、炒苍术。

性　　味：味苦、性温，无毒。

用量用法：5～10克，水煎服。

主　　治：脘腹胀满，食欲不振，恶心呕吐，风寒湿痹，湿疹，神经性皮炎，白癜风，扁平苔藓。

使用宜忌：阴虚燥渴、气滞胀闷者忌服。

> 作饮甚香，去水（弘景）。亦止自汗。

◆ 原植物：

生长于山坡、林下及草地。

菊科植物茅苍术或北苍术。

① 为多年生草本，高达80厘米。

② 根茎结节状圆柱形。

③ 叶互生，革质，上部叶一般不分裂，无柄，卵状披针形至椭圆形，长3～8厘米，宽1～3厘米，边缘有刺状锯齿，下部叶多为3～5深裂，顶端裂片较大，侧裂片1～2对，椭圆形。

④ 头状花序顶生，叶状苞片1列，羽状深裂，裂片刺状；总苞圆柱形，总苞片6～8层，卵形至披针形；花多数，两性或单性多异株，全为管状花，白色或淡紫色；两性花有多数羽毛状长冠毛，单性花一般为雌花，具退化雄蕊5枚。

⑤ 瘦果有羽状冠毛。

⑥ 花期8～9月，果期9～10月。

主要产地：分布于江苏、湖北、河南等地，以分布于江苏茅山一带者质量最好。

入药部位：根茎。

采收加工：春、秋两季采挖，除去泥沙，晒干，撞去须根。

◆ **精选验方：**

① 健脾润肤：苍术、白术、党参、茯苓、当归、丹参、赤芍、白芍各10克，鸡血藤15克，陈皮6克，水煎服。

② 补虚明目，健骨和血：苍术（泔浸）200克，熟地黄（焙）100克，为末，酒糊丸梧子大，每温酒下三、五十丸，每日3服。

◆ **养生药膳：**

⊙ 苍术冬瓜祛湿汤

原料：苍术、泽泻各15克，冬瓜250克，猪瘦肉500克，生姜片、盐、鸡精各适量。

制法：苍术、泽泻洗净。冬瓜洗净，切块。猪瘦肉洗净，切块。锅内烧水，水开后放入猪瘦肉，焯去血水。将苍术、泽泻、冬瓜、猪瘦肉、生姜片一起放入煲内，加入适量清水，大火煲沸后，用小火煲1小时，调味即可。

功效：减肥瘦身，清润养生。

⊙ 苍术枸杞子茶

原料：苍术15克，枸杞子15克。

制法：先将苍术、枸杞子分别拣杂，洗净之后将苍术切成薄片，晒干或者烘干，之后与枸杞子一起放入大杯中，用刚煮沸的开水冲泡，加盖焖15分钟，即可饮用。

用法：代茶频饮，一般可冲泡3～5次，当日吃完。

功效：燥湿健脾，益肾明目，降血糖。

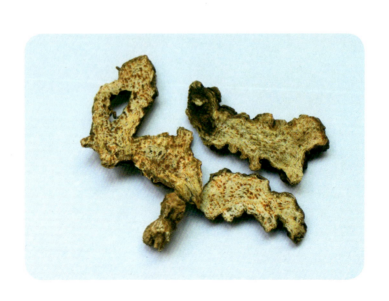

石斛

别　　名：

金钗、黄草、鲜石斛、川石斛、霍山石斛、耳环石斛、铁皮石斛。

性　　味：

味甘，性平，无毒。

用量用法：

内服：煎汤6～15克，鲜品加倍；或入丸、散；或熬膏。鲜石斛清热生津力强，热津伤者宜之；干石斛用于胃虚夹热伤阴者为宜。

主　　治：

阴伤津亏，口干烦渴，食少干呕，病后虚热，目暗不明。

使用宜忌：

温热病早期阴未伤者、湿温病未化燥者、脾胃虚寒者均禁服。

《本经》：伤中，除痹下气，补五脏虚劳羸瘦，强阴益精。久服，厚肠胃。《别录》：补内绝不足，平胃气，长肌肉，逐皮肤邪热气，脚膝疼冷痹弱，定志除惊。轻身延年。

◆ 原植物：

附生长于密林树干或岩石上，也有人工栽培。

兰科植物金钗石斛。

① 多年生附生草本。

② 茎丛生，直立，通常高30～50厘米，多节，节间长2.5～4厘米，黄绿色，上部稍扁平而微弯曲上升，故有"扁草"之名，具纵槽纹，下部常收窄成圆柱状，基部膨大成蛇头状或卵球形。

③ 叶无柄，皮纸质，长圆形，长6～10厘米，宽1.4～3厘米，先端有偏斜缺刻，基部稍窄，鞘状紧抱于节间。

④ 在上部茎上生出总状花序数个，每花序有花2～3朵，总梗基部有筒状膜质鞘一对；花大，下垂，直径约7厘米，花萼、瓣均白色，先端淡红色；唇瓣卵圆形，与萼片等长，粉红色，近基部中央具一深紫色斑块。

⑤ 蒴果。

⑥ 花期 4～6 月。

主要产地： 主产于四川、云南、贵州、广西。

入药部位： 茎。

采收加工： 全年均可采挖。

◆ 精选验方：

① 视物模糊：石斛、枸杞子、菟丝子、谷精草各 10 克，菊花 9 克，水煎服。

② 阴虚目暗、视物昏花：石斛、熟地黄各 15 克，枸杞子、山药各 12 克，山茱萸 9 克，白菊花 6 克，水煎服，每日 1 剂。

◆ 养生药膳：

⊙ 石斛煮黄豆

原料： 石斛 20 克，黄豆 300 克，葱 10 克，姜 5 克，盐 4 克，味精 3 克。

制法： 将黄豆用清水浸泡一夜，去泥沙、杂质，洗净；石斛洗净，切成 3 厘米长的段；姜拍松，葱切段。石斛、黄豆、姜、葱、盐、味精放入锅内，加水 800 克，置大火上烧沸，再用小火煮 35 分钟即成。

用法： 温热食用，每日 1 次。

功效： 滋阴清热，益精明目，美容驻颜。

适用： 阴虚、面色无华等。

⊙ 珍珠鲍鱼

原料： 猪小排骨 150 克，铁皮石斛 5 克，珍珠鲍鱼 300 克，盐适量。

制法： 鲍鱼脱壳，宰洗干净，去除黑秽；猪小排骨斩块，用沸水氽后，洗净，垫在砂锅底，上面置鲍鱼、石斛；调入盐，加入适量沸水，炖 1 小时左右。

功效： 添精补髓，营运五脏六腑。

适用： 对糖尿病、肾精不足以致视物昏花、夜盲、腰膝酸软等病症皆有效。

第十一章 洁齿固齿中草药妙用

§ 生地黄

别　　名：
山烟、山烟根、酒壶花。
性　　味：
味甘，性寒。
用量用法：
9～15克，水煎服。
主　　治：
高热心烦，发斑吐衄，头晕目眩，面色萎黄，须发花白，腰背疼痛，骨髓虚损，不能久立，盗汗，湿疹。
使用宜忌：
脾虚泄泻、胃虚食少、胸膈多痰者慎服。

《别录》：大寒。妇人崩中血不止，及产后血上薄心闷绝。伤身胎动下血，胎不落，堕坠踠折，瘀血留血，鼻衄吐血，皆捣饮之。解诸热，通月水，利水道。捣贴心腹，能消瘀血（甄权）。

◆ 原植物：

主要为栽培，也野生长于山坡及路边荒地等处。

玄参科植物地黄。

①本植物为多年生草木，高25～40厘米。

②全株密被长柔毛及腺毛。块根肥厚。

③叶多基生，倒卵形或长椭圆形，基部渐狭下延成长叶柄，边缘有不整齐钝锯齿。茎生叶小。

④总状花序，花微下垂，花萼钟状，花冠筒状，微弯曲，二唇形，外紫红色，内黄色有紫斑。

⑤蒴果卵圆形，种子多数。鲜生地黄呈纺锤形或条状，长9～16厘米，直径2～6厘米。表面肉红色，较光滑，皮孔横长，具不规则疤痕。肉质，断面红黄色，有橘红色油点及明显的菊花纹。

⑥花期4～6月，果期7～8月。

主要产地： 分布于河南的温县、孟州市、泌阳、济源、修武、武陟、博爱，河北、内蒙古、山西及全国大部分地区。

入药部位： 块根。

采收加工： 秋季采挖，除去芦头、须根及泥沙，然后缓慢烘焙至约八成干。

◆ **精选验方：**

① 乌须发：生地黄（捣汁）1500克，茜草(水6盏，煎绞取汁，共煎3次)500合，合二汁，缓火煎如膏，每服半匙，空腹温酒下。

② 用于气虚阴伤，咽干口燥，咳嗽咯血，抗衰老，失眠健忘，早衰白发：生地黄100克，党参15克，茯苓30克，蜂蜜适量，将三药煎取浓汁，加入约等量的炼蜜，再煎沸即成，每次食1~2匙。

③ 慢性咽炎：生地黄、金银花、川贝母、麦冬、玄参各20克，知母、牡丹皮、石斛各15克，桔梗、甘草、桑叶、薄荷各10克，水煎取药汁，每日1剂，分2次服用。

◆ **养生药膳：**

⊙ 地黄羊肾粥

原料： 生地黄120克，粳米50克，羊肾1对，胡椒30粒，生姜15克，盐5克。

制法： 先将生地黄捣烂，取汁盛碗中；将椒、姜装入纱布袋；将羊肾去脂膜，洗净，切成韭叶状；制作时先将粳米煮粥，候粥半熟，兑生地黄汁，下椒、姜布袋，粥熟时取出布袋，下切好的羊肾，稍煮后，加少许盐调味即得。

用法： 每日1剂，分早、晚佐膳食用。

功效： 补血生津，滋肾益肝。

适用： 肝肾亏虚、阴血不足所致的头晕目眩、面色萎黄、唇甲淡白无华、肢体麻木、须发花白等。

⊙ 黄精生地鸡蛋汤

原料： 生地黄、黄精各50克，鸡蛋3个，冰糖20克。

制法： 黄精、生地黄洗净，切片；鸡蛋煮熟，去壳，将以上原料同放入砂锅内，加清水适量，大火煮沸后，放入冰糖，小火煲半小时。

用法： 饮汤吃蛋，每天1料。

功效： 滋润养颜。

适用： 颜面枯槁无华、毛发干枯脱落、面皱肤糙等。

山柰

别　　名：
三柰、山柰根。

性　　味：
味辛，性温，无毒。

用量用法：
6~9克，水煎服；或入丸、散。
外用：适量，捣敷；研末调敷，或搐鼻。

主　　治：
心腹冷痛、感冒食滞、胸腹胀满、腹痛泄泻、牙痛、雀斑、疥癣。

使用宜忌：
阴虚血亏及胃有郁火者禁服。

《本草纲目》：暖中，辟瘴疠恶气。治心腹冷气痛，寒湿霍乱，风虫牙痛。入合诸香用。

◆ **原植物：**

生长于山坡阴湿处；多为栽培。姜科植物山柰。

① 多年生宿根草本。

② 块状根茎，单生或数枚连接，淡绿色或绿白色，芳香。根粗壮。无地上茎。

③ 叶2枚，几无柄，平卧地面上；圆形或阔卵形，长8~15厘米,宽5~12厘米，先端急尖或近钝形。基部阔楔形或圆形，质薄，绿色，有时叶缘及尖端有紫色渲染；叶脉10~12条；叶柄下延成鞘，长1~5厘米。

④ 穗状花序自叶鞘中出生，具花4~12朵，芳香；苞片披针形，绿色，长约2.5厘米，花萼与苞片等长；花冠管细长，长2.5~3厘米；花冠裂片狭披针形，白色，长1.2~1.5厘米；唇瓣阔大，径约2.5厘米，中部深裂，2裂瓣顶端各微凹，白色，喉部紫红色；侧生的退化雄蕊花瓣状，倒卵形，白色，长约1.2厘米；药隔宽，顶部与方形冠筒连生；子房下位，3室，花柱细长，基部具二细长棒状附属物，柱头盘状，具缘毛。

⑤ 果实为蒴果。

主要产地： 分布于我国台湾、广东、广西、云南等地。

入药部位： 根茎。

采收加工： 12月至次年3月间，地上茎枯萎时，挖取二年生的根茎，洗去泥土，横切成片。用硫黄烟熏1天后，铺在竹席上晒干。切忌火烘，否则变成黑色，缺乏香气。

⑥ 花期8~9月。

◆ **精选验方：**

① 牙痛：山奈6克（用面裹煨熟），麝香1.5克，研为细末，每用1克，口含温水，搽于牙痛处，漱口吐去。

② 雀斑：山奈子、鹰粪、密陀僧、蓖麻子等份研匀，以乳汁调之，夜涂旦洗去。

◆ **养生药膳：**

⊙ 山奈散

原料： 山奈子、鹰屎白、密陀僧、蓖麻子各等份。

制法： 研匀，以乳汁（牛、羊乳）调之。

用法： 夜涂，晨洗去。

功效： 祛斑美容。

§ 花椒

别　　名：	蜀椒、川椒、红椒、红花椒、大红袍。
性　　味：	味辛，性温。
用量用法：	3～6克，水煎服；或入丸散。外用：适量，研末调敷，或含漱，或煎汤熏洗。
主　　治：	脾胃虚寒、心腹冷痛、呕吐、呃逆、口吐清水、肠鸣腹泻、泄泻、痢疾、疝痛、齿痛、蛔虫病、蛲虫病、阴痒、疮疥。
使用宜忌：	孕妇忌服。

《本经》：主中风暴热，不能动摇，跌筋结肉，诸不足。久服去面黑䵟，好颜色，润泽，轻身不老。《别录》：主心腹结气，虚热，湿毒腰痛，茎中寒，及目痛眦烂，泪出。

◆ 原植物：

生长于路旁、山坡的灌木丛中。也有栽培。

芸香科植物花椒。

① 灌木或小乔木，高1～3米。

② 树皮暗灰色。枝暗紫色，疏生平直而尖锐的皮刺。

③ 单数羽状复叶互生，叶轴具窄翼，具稀疏而略向上的小皮刺；小叶5～11片，对生，小叶片长2～5厘米，宽1.5～3厘米，下面主脉基部具柔毛一丛。

④ 伞房状圆锥花序顶生或顶生长于侧枝上；花被4～8片，三角状披针形，大小相等或略不相等，排成一轮。

⑤ 果实红色至紫红色，密生疣状突起的腺点。种子1，黑色，有光泽。

⑥ 花期3～5月，果期7～10月。

主要产地：	除东北和新疆外，分布于全国各省区。
入药部位：	果皮。
采收加工：	秋季采收，晒干，除去种子及杂质。

◆ **精选验方：**

① 脂溢性皮炎：花椒(炒)100克，轻粉(微炒)、枯矾(煅)、铜绿(炒)各50克，共研细末，调香油擦患处，每日2次。

② 牙痛：花椒、细辛、白芷、防风各5克，水煎20分钟后去渣，待温漱口，不要咽下，漱完吐出，每次漱3~4回，每日2~3次。

③ 皮肤瘙痒：花椒15克，艾叶30克，地肤子、白鲜皮各25克，水煎熏洗。

◆ **养生药膳：**

⊙ 花椒猪蹄儿

原料：猪蹄儿1只，花椒2.5克，盐适量。

制法：猪蹄儿洗净，剁成小块儿，置于热水中烫后取出，锅上火加清水1100毫升，冷水入烫好的猪蹄儿和花椒里，大火煮滚后改用小火煮约50分钟，加盐调味，取出盛好，放凉后即可食用。

功效：温中止泻止痛，补气补血润肤。

§ 细辛

别　　名：
辽细辛(北细辛、烟袋锅花)、细辛(华细辛)。

性　　味：
味辛，性温，无毒。

用量用法：
1~3克；散剂每次服0.5~1克。外用：适量。

主　　治：
咳逆上气、头痛脑动、百节拘挛、风湿痹痛死肌。

使用宜忌：
气虚多汗、血虚头痛、阴虚咳嗽等忌服。

《本经》：久服明目利九窍，轻身长年。《别录》：温中下气，破痰利水道，开胸中滞结，除喉痹齆鼻不闻香臭，风痫癫疾，下乳结，汗不出，血不行，安五脏，益肝胆，通精气。

◆ **原植物：**

生长于林下腐植质深厚湿润处。

马兜铃科植物辽细辛及细辛。

1. 辽细辛（北细辛、烟袋锅花）①多年生草本，高10～30厘米。根状茎柱状，稍斜升，顶端生长数棵植株，下面长多数细长黄白色根，有辛香。②叶每株2～3片，基生，柄长5～18厘米，无毛；叶片卵心形或近于肾形，长4～9厘米，宽6～12厘米，先端圆钝或急尖，基部心形至深心形，两侧圆耳状，全缘，上下两面均多少有疏短毛。③单生叶腋，花梗长1～3厘米；花被管碗状，外面紫绿色，内面有隆起的紫褐色棱条，花被裂片3，污红褐色，三角宽卵形，由基部向外反卷，紧贴花被管上；雄蕊12，2轮排列于合蕊柱下部，花药与花丝近等长，子房半下位，花柱短，6歧，柱头着生顶端外侧。④果实半球形，长约10毫米，径约12毫米。种子多数，卵状锥形，种皮硬，被黑色肉质假种皮。⑤花期5月，果期6月。

2. 细辛（华细辛）与前种极为近似，但根状茎较长，节间密。叶片先端短渐尖。花被裂片3枚，三角宽卵形或宽卵形，先端常急尖，淡红褐色，由基部成水平方向展开，不向下反卷，内侧表面密被细小的乳头状突起；花丝较花药长。

主要产地： 辽细辛：分布于东北地区。华细辛：分布于辽宁、陕西、山东、浙江、福建、河南等省。

入药部位： 根和根茎。

采收加工： 5～7月间连根挖取，除净泥土，及时阴干（不宜晒干，勿用水洗，否则会使香气降低，叶变黄，根变黑而影响质量）。置干燥通风处，防止霉烂。

◆ **精选验方：**

① 小儿目疮：细辛末适量，醋调，贴脐上。

② 口舌生疮：细辛、黄连各等份，为末，先以布揩净患处，掺药在上，涎出即愈。

③ 牙痛：细辛3克（后下）、白芷、威灵仙各10克，水煎2次，混合后分上、下午服，每日1剂。

④ 单纯疱疹：细辛、桔梗、人参、甘草、茯苓、花粉、白术、薄荷各10克，水煎取药汁。口服，每服1剂。

功效：祛风散寒，温肺化饮，宣通鼻窍。

适用：外感风寒头痛、身痛、牙痛、痰饮咳嗽、痰白清稀、鼻塞等。

◆ 养生药膳：

⊙ 细辛粥

原料：细辛3克，大米100克。

制法：将细辛择净，放入锅中，加清水适量，浸泡5~10分钟后，水煎取汁，加大米煮为稀粥。

用法：每日1~2剂，连续2~3日。

第十二章 养肝利胆中草药妙用

§ 柴胡

别　　名： 北柴胡、硬叶柴胡。

性　　味： 味辛、苦，性微寒。

用量用法： 3~10克，水煎服。

主　　治： 黧黑斑、扁平疣、疮疡、瘰疬、乳痈、肝气郁结、胁肋胀痛、月经不调、感冒发热、高脂血症。

使用宜忌： 真阴亏损、肝阳上升者忌服。

《药性论》：宣畅气血。《本草纲目》：治阳气下陷，平肝、胆、三焦包络相火。

◆ 原植物：

生长于向阳山坡、路边或草丛中。伞形科植物柴胡。

① 多年生草本，高45~70厘米。

② 茎丛生或单生，上部多分枝。

③ 基生叶倒披针形或狭椭圆形，早枯；中部叶倒披针形或宽线状披针形，长3~11厘米，宽0.6~1.6厘米，有7~9条纵脉，下面具粉霜。

④ 复伞形花序的总花梗细长；总苞片无或2~3，狭披针形；伞幅4~7；小总苞片5；花梗5~10；花鲜黄色。

⑤ 双悬果宽椭圆形，长约3毫米，宽约2毫米，棱狭翅状。

⑥ 花期8~9月，果期9~10月。

主要产地： 河北、河南、湖北、陕西。

入药部位： 根。

采收加工： 春、秋挖取根部，去净茎苗、泥土，晒干。

◆ 精选验方：

① 治肝气，左胁痛：柴胡、陈皮各3.6克，赤芍、枳壳、醋炒香附各3克，炙草1.5克，水煎服。

② 治肝黄：柴胡(去苗)30克，甘草(微炙，锉)、决明子、车前子、羚羊角屑各15克，上药捣筛为散，每服9克，以水一

中盏，煎至五分，去滓，不计时候温服。

◆ 养生药膳：

⊙ 柴胡降脂粥

原料：柴胡、白芍各 12 克，泽泻 22 克，茯苓 30 克，粳米 100 克。

制法：先将柴胡、白芍、泽泻，洗净煎取浓汁。茯苓与粳米洗净放入锅中，加入备好的药汁，并加水适量，煮成粥。

用法：每日 1 次。

功效：疏肝解郁。

适用：降脂减肥、高脂血症、肥胖症。

⊙ 柴草粥

原料：柴胡 10 克，紫草 12 克，粳米 50 克。

制法：将柴胡、紫草布包。加水适量，与粳米同煮，待米将熟时，捞出药包，再煮至米熟成粥。

用法：顿食，每日 1 次。

功效：调和肝脾。

适用：防治肝郁脾虚所致之面部蝴蝶斑。

§ 牛膝

别　　名：
　　怀牛膝、牛髁膝、山苋菜、对节草、红牛膝、杜牛膝、土牛膝 (野生品)。

性　　味：
　　味苦、酸，性平，无毒。

用量用法：
　　5 ～ 12 克，水煎服。

主　　治：
　　血瘀闭经，尿道结石，子宫出血，腰膝关节酸痛。

使用宜忌：
　　凡中气下陷、脾虚泄泻、下元不固、梦遗失精、月经过多者及孕妇均忌服。

《滇南本草》：退痈疽、疥癞、血风、牛皮癣。

◆ 原植物：

生长于屋旁、林缘、山坡草丛中。苋科植物牛膝。

① 多年生草本，高70～120米。

② 根粗壮，圆柱形，栽培品长可达1米以上，土黄色。茎直立，四棱形，分枝，节膨大如牛膝盖，故名"牛膝"，被柔毛。

③ 单叶对生，有柄；叶片膜质，椭圆形或椭圆状披针形，长5～12厘米，宽2～6厘米，先端渐尖，基部宽楔形，全缘，两面被柔毛。

④ 穗状花序顶生或腋生，花后总梗延长，花序轴密被长柔毛，花开放后平展或下倾；苞片宽卵形，具芒，花后开展或反折；小苞片针刺状，近基部两侧具耳状边缘，花被5，雄蕊5，退化雄蕊舌状，边缘波状，遥短于花丝，顶端不撕裂。

⑤ 胞果矩圆形，长约2.5毫米。

⑥ 花期8～9月，果期10～11月。

主要产地：分布于全国，在有些省区则为大量栽培品种。河南产的怀牛膝，品质最佳。

入药部位：根。

采收加工：牛膝的根，于冬季茎叶枯萎时采挖，去净须根、泥土，晒至干皱后，用硫黄熏数次，然后将顶端切齐、晒干。

◆ 精选验方：

① 皮肤病、痈疽恶疮：牛膝适量，久渍或空含有效。

② 风瘙隐疹：牛膝适量，为末，酒下，每次3克，每日3次。

◆ 养生药膳：

⊙ 牛膝蹄筋

原料：猪蹄筋100克，鸡肉500克，牛膝、姜、葱各10克，火腿50克，蘑菇25克，胡椒3克，料酒10毫升，味精1克。

制法：牛膝洗净，润后切成斜口片。蹄筋放入钵中，加水上笼蒸4小时，至蹄筋酥软时取出。再用凉水浸漂2小时，剥去外层筋膜，洗净。火腿洗净后切丝；蘑菇水发后切成丝，姜、葱洗净后，姜切片，葱切段。把发涨的蹄筋切成长节，鸡肉剁

成小方块，取蒸碗将蹄筋、鸡肉放入碗内，再把牛膝片放在鸡肉上面，火腿丝和蘑菇丝调合均匀，撒在周围。姜片、葱段放入碗中，上笼蒸约3小时。待蹄筋酥烂后出笼，拣去姜、葱，加胡椒、料酒、盐、味精等调味。

用法：食肉喝汤。

功效：美容养颜，延缓衰老，壮腰健肾。

⊙ 牛膝杜仲汤

原料：牛膝、杜仲各15克，黑豆150克，鸡爪100克。

制法：用鸡或新鲜鸡脚煲成汤。将黑豆、红枣洗净，用沸水烫一下。用清水六杯将牛膝、杜仲煲成二杯水左右。再用鸡汤六杯左右煲已烫过水的黑豆及红枣。待黑豆、红枣煲烂时再加入杜仲及牛膝水，以小火再煲，即可。

用法：加少许调味品，食用。

功效：强身健体，补虚养身。

§ 墨旱莲

别　　名：
旱莲草、水旱莲、莲子草、白花蟛蜞草、野向日葵、黑墨草、墨汁草、乌心草。

性　　味：
味甘、酸，性寒。

用量用法：
5～12克，水煎服。

主　　治：
滋补肝肾，凉血止血，牙齿松动，须发早白，眩晕耳鸣，腰膝酸软，阴虚血热、吐血、衄血、尿血，血痢，崩漏下血，外伤出血。

使用宜忌：
脾肾虚寒者忌服。

《本经》：主血痢及针灸疮发、洪血不可止者，敷之立已，涂眉发生速而繁。《图经本草》：多作乌髭发药用之。

◆ 原植物：

生长于沟边草丛、水田埂等较阴湿处。菊科植物墨旱莲。

① 一年生草本，高10～60厘米，全株被白色粗毛。主根细长，微弯曲。茎基部常匍匐着地生根，上部直立，圆柱形，绿色或带紫红色。

② 叶对生，无柄或短柄，叶片披针形，椭圆状披针形或条状披针形，长3～10厘米，宽0.5～2.5厘米，先端渐尖，基部渐窄，全缘或具细锯齿，两面均密被白色粗毛，茎叶折断后，数分钟后断口处即变蓝黑色，故别名墨旱莲。

③ 头状花序顶生或腋生，有长梗或近乎无梗；总苞钟状，苞片5～6枚，绿色，外围为舌状花2层，白色，雌性，多数发育，中部为管状花，黄绿色，两性，全育。

④ 瘦果长方椭圆形而扁，无冠毛。

⑤ 花期7～9月，果期9～10月。

主要产地：分布于辽宁、河北、陕西及华东、中南、西南等地区。
入药部位：全草。
采收加工：开花时采割，晒干。

◆ 精选验方：

① 斑秃：鲜墨旱莲适量，捣汁外涂患处，每日3～5次。

② 贫血：墨旱莲30～40克，水煎服，每日1剂；或煎汤代茶饮。

③ 脱发：墨旱莲18克，白菊花、生地黄各30克，加水煎汤，去渣取汁，代茶饮，每日2次。

④ 黄褐斑：墨旱莲15～30克，豨莶草、谷精草各10～15克，夏枯草6～15克，益母草10～30克，紫草6～12克，随症加减，每日1剂。

⑤ 头屑：墨旱莲、蔓荆子、侧柏叶、川芎、桑白皮、细辛各50克，菊花100克，水煎去渣滓后洗发。

⑥ 阴虚之经期延长：墨旱莲、茜草各30克，大枣10枚，水煎取药汁，代茶饮。

◆ 养生药膳：

⊙ 莲贞鸡肉汤

原料：鸡肉150克、旱莲草、女贞子、白芍、麦冬、生地黄、地骨皮各10克，调味品适量。

制法：将鸡肉洗净、切块，余药布包，加水适量同煮至鸡肉熟后，去药包，食盐、味精、葱花、猪脂适量调味服食。

功效：滋阴清热，补肾填精。

适用：阴虚阳亢之精液不液化症。

⊙ 旱莲草瘦肉汤

原料：瘦肉 100 克，旱莲草 60 克，藕节 30 克，食盐适量。

制法：将旱莲草洗净，同藕节布包，猪肉洗净、切片，加清水适量同煮至猪肉熟后，去药包，食盐调味服食。

用法：每日 1 剂，食肉，连续 5～7 日。

功效：滋补肝肾，凉血止血，乌须生发，固齿牢牙。

适用：须发早白、牙齿松动者。

⊙ 旱莲黄精膏

原料：旱莲草 100 克，黄精、女贞子各 50 克，蜂蜜适量。

制法：将三药水煎 2 次，两液合并，小火浓缩后，兑入等量蜂蜜，煮沸、候温装瓶，每次 20 毫升，每日 2 次，温开水冲饮或调入米粥中服食。

功效：养阴益肾。

适用：阴虚血热、齿衄、便血及须发早白等。

§ 薄荷

薄荷。

性　味：
味辛，性温，无毒。

用量用法：
3～6 克，水煎服，不可久煎，宜作后下；或入丸、散。外用：适量，煎水洗或捣汁涂敷。

主　治：
皮肤瘙痒，漆疮，疥疮，隐疹，黧黑斑，粉刺，口臭，口疮，血痢，衄血不止。

使用宜忌：
阴虚血燥、肝阳偏亢、表虚汗多者忌服。

别　名：
蕃荷菜、菝蕳、吴菝蕳、南薄荷、猫儿薄苛、升阳菜、薄苛、夜息花、苏

> 《备急千金要方》：作菜久食，却肾气，辟邪毒，除劳气，令人口气香洁。《本草纲目》：利咽喉口齿诸病。

◆ 原植物：

生长于水边湿地与水沟边、河岸及山野湿地。

唇形科植物薄荷。

① 多年生草本，高达80厘米，有清凉浓香。

② 根状茎细长，白色或白绿色。地上茎基部稍倾斜向上直立，四棱形，被逆生的长柔毛，并散生腺鳞。

③ 叶对生，长圆形或长圆状披针形，长3~7厘米，宽1~2.5厘米，先端锐尖，基部楔形，边缘具尖锯齿，两面有疏短毛，下面并有腺鳞。

④ 花小，成腋生轮伞花序；苞片较花梗及萼片稍长，条状披针形；花萼钟状，外被疏短毛，先端5裂，裂片锐尖；花冠二唇形，淡红紫色，长4~5毫米，上唇2浅裂，下唇3裂，长圆形；雄蕊4，近等长，与雌蕊的花柱均伸出花冠之外。

⑤ 小坚果长圆形，长1毫米，褐色，藏于宿萼内。

⑥ 花期8~9月，果期9~10月。

主要产地：分布于全国各地。

入药部位：全草或叶。

采收加工：大部分产区每年收割2次，第1次（头刀）在小暑至大暑间。第2次（二刀）于寒露至霜降间，割取全草，晒干。广东，广西温暖地区1年可收割3次。

◆ 精选验方：

① 皮肤瘙痒：薄荷、荆芥各6克，蝉蜕5克，白蒺藜10克，水煎服。

② 慢性荨麻疹：薄荷15克，桂圆干6粒，水煎服。每日2次，连服2~4周。

③ 火毒生疮、两股生疮：薄荷适量，煎水频涂。

◆ 养生药膳：

⊙ 薄荷祛黄褐斑方

原料：薄荷、柴胡、栀子、红花、赤芍各等份。

制法：研为细末，炼蜜为丸。

用法：每次服9克，温开水送服，每日3次。

功效：祛黄褐斑。

⊙ 薄荷除口臭方

原料：鲜薄荷叶适量。

制法：口含。

功效：令人口气清香。

⊙ 薄荷茶

原料：细茶、薄荷、蜂蜜各60克。

制法：水煎细茶、薄荷，入蜂蜜，候冷，入童便1茶盅，露1宿。

用法：每空心温服1盅，如童子劳加姜汁少许。

功效：清热止咳，调经止痛。

适用：火动咳嗽、便闭及妇人经水不调。

山茱萸

别　名：
萸肉、山萸肉、药枣、枣皮。

性　味：
味酸，性平，无毒。

用量用法：
6～12克，水煎服；或入丸、散。

主　治：
面色不华，黧黑斑，自汗、盗汗，虚汗不止，肩周炎，遗尿，阳痿，月经过多。

使用宜忌：
凡命门火炽、强阳不痿、素有湿热、小便淋涩者忌服。

《药性论》：除面上疮。《日华子本草》：治酒渣。

◆ 原植物：

生长于山坡灌木丛中。

山茱萸科植物山茱萸。

① 落叶灌木或小乔木，高约4米。

② 树皮淡褐色，成薄片剥裂。枝皮灰棕色，小枝无毛。

③ 单叶对生，具短柄；叶片椭圆形或长椭圆形，长5～12厘米，宽3～4.5厘米，先端渐尖，基部圆或楔形，全缘，上面疏生平贴毛，下面粉绿色，毛较密，侧脉6～8对，脉腋有黄褐色毛丛。

④ 伞形花序顶生或腋生，基部具4个小型苞片，花萼裂片4，不明显；花瓣4，长约3毫米；雄蕊4，与花瓣互生；子房下位，2室，花柱1。

⑤ 核果长椭圆形，光滑，熟时红色，果梗细长，果皮干后呈网纹状。种子长椭圆形，两端钝圆。

⑥ 花期3～4月，果期9～10月。

主要产地：分布于山西、陕西、山东、安徽、浙江、河南、四川等省。

入药部位：果实。

采收加工：育苗到结果需培育6～7年，15～20年为盛果期。9～11月上旬果实呈红色时成熟，分批采摘，切忌损伤花芽。加工方法可用水煮法：将红色新鲜果置沸水中，及时捞出浸冷水，趁热挤出种子，将果肉晒干或烘干即成。亦可用机械脱粒法，挤出果肉干燥。

◆ 精选验方：

① 肾虚腰痛，阳痿遗精：山茱萸、补骨脂、菟丝子、金樱子各12克，当归9克，水煎服，每日1剂。

② 面色黧黑：牡丹皮、白茯苓、泽泻各90克，熟地黄240克，山茱萸、山药各120克，附子、肉桂各60克，为末，炼蜜丸如梧子大，每服15丸，空腹以温酒佐服，每日2次。

◆ 养生药膳：

⊙ 山萸丹皮炖甲鱼

原料：甲鱼200克，山茱萸20克，枣(干)10克，牡丹皮8克，大葱、姜各5克，盐、鸡精各2克，味精1克。

制法：将甲鱼去掉头爪和内脏，用开水焯一下，放入准备好的砂锅中备用。将山茱萸、牡丹皮放入锅内，加入2000毫升的水，煮20分钟左右，然后将煮好的水和药料倒入炖甲鱼的砂锅内。放入葱、姜、大枣，再用小火炖熬一个小时左右，最后放入盐、鸡精、味精即可。

功效：健胃开脾，壮腰健肾。

适用：腰膝酸软者。

⊙ 山茱萸粥

原料：山茱萸肉15～20克，粳米60克，白糖适量。

制法：先将山茱萸肉洗净，去核，与粳米同入砂锅煮粥，待粥将熟时，加入白糖稍煮即可。

用法：盛起食用。

功效：益肝补肾，涩精固脱。

适用：面上疮、酒渣鼻。

第十二章 养肝利胆中草药妙用

§ 芍药

别　　名：
白芍、生白芍、杭白芍、炒白芍、酒白芍、白芍药、黑白芍。

性　　味：
味苦，性平，无毒。

用量用法：
6～15克。

主　　治：
血色萎黄，鳌黑斑，荨麻疹，银屑病，慢性湿疹，玫瑰糠疹，痈肿疮疡，各种疼痛，便秘，体虚多汗，月经不调。

使用宜忌：
血虚者慎服。

《滇南本草》：泻脾热，止腹疼，止水泻，收肝气逆疼，调养心、肝、脾经血，舒肝降气，止肝气疼痛。

◆ **原植物：**

生长于山地草坡。

毛茛科植物芍药。

① 多年生直立草本，高60～80厘米。

② 根粗大，圆柱形或略呈纺锤形；茎无毛。

③ 茎下部叶为二回三出复叶；小叶窄卵形、披针形或椭圆形，长7.5～12厘米，边缘密生骨质白色小乳突，下面沿脉疏生短柔毛；叶柄长6～10厘米。

④ 花顶生并腋生，直径5.5～10厘米；苞片4～5，披针形，长3～6.5厘米，萼片4，长1.5～2厘米；花瓣白色或粉红色，9～13片，栽培的多为重瓣，倒卵形，长3～5厘米；雄蕊多数；心皮4～5，无毛。

⑤ 种子，黑色或黑褐色，圆形、长圆形或尖圆形。

⑥ 花期6月，果期8～9月。

◆ **精选验方：**

① 腹中虚痛：白芍药9克，炙甘草3克，加水二碗，煎成一碗温服；夏月加黄芩1.5克，恶寒加肉桂3克，冬月大寒再加桂枝3克。

② 月经不调：白芍药、香附子、熟艾叶各7.5克，水煎服。

③ 崩中下血（小腹痛）：芍药（炒黄）30克，柏圳（微炒）180克，共研为末，每服6克，酒送下。

④ 治痛经：白芍100克，干姜40克，共为细末，分成八包，月经来时，每日1包，黄酒为引，连服三个星期。

⑤ 肝阳上亢所致的头痛、头晕：白芍15克，菊花10克，石决明30克，水煎服。

◆ **养生药膳：**

⊙ 三花茶

原料：芍药花、牡丹花、杭菊花各3克，薄荷1克。

制法：将上四味用沸水冲泡即可。

用法：代茶频饮。

功效：解郁消斑。

适用：面部蝴蝶斑。

主要产地：分布于东北、河北、山西、内蒙古、陕西及甘肃北部；在山东、安徽、浙江、四川、贵州等省有较大量栽培。

入药部位：根。

采收加工：秋季采挖，除去根茎、须根及支根，洗净泥土，晒至半干时，按大小分别捆把，再晒至足干。四川地区也有刮去粗皮后再晒干者。

⊙ 芍药花茶

原料：芍药花3～5克。

制法：用开水冲泡，同时还可以加入冰糖和绿茶一起喝。

功效：清热解毒，祛斑美容。

§ 黑芝麻

别　　名：
黑脂麻、炒黑芝麻、胡麻子。
性　　味：
味甘，性平，无毒。
用量用法：
9～15克，水煎服。
主　　治：
须发早白，肌肤干燥，病后脱发，荨麻疹，白癜风，痈疮湿疹，烫火伤，身体虚弱，眩晕，腰膝酸软，肠燥便秘。
使用宜忌：
脾虚便溏者忌用。

《名义别录》：明耳目，耐饥渴，延年。《神农本草经》：补五内，益气力，长肌肉，填脑髓。久服轻身不老。

◆ **原植物：**

常栽培于夏季气温较高，气候干燥，排水良好的沙壤土或壤土地区。

胡麻科植物芝麻。

① 一年生草本，高80～180厘米。

② 茎直立，四棱形，棱角突出，基部稍木质化，不分枝，具短柔毛。

③ 叶对生，或上部者互生；叶柄长1～7厘米；叶片卵形、长圆形或披针形，长5～15厘米，宽1～8厘米，先端急

尖或渐尖，基部楔形，全缘，有锯齿或下部叶3浅裂，表面绿色，背面淡绿色，两面无毛或稍被白色柔毛。

④ 花单生，或2~3朵生长于叶腋，直径1~1.5厘米；花萼稍合生，绿色，5裂，裂片披针形，长5~10厘米，具柔毛；花冠筒状，唇形，长1.5~2.5厘米，白色，有紫色或黄色采晕，裂片圆形，外侧被柔毛；雄蕊4，着生长于花冠筒基部，花药黄色，呈矢形；雌蕊1，心皮2，子房圆锥形，初期呈假4室，成熟后为2室，花柱线形，柱头2裂。

⑤ 蒴果椭圆形，长2~2.5厘米，多4棱或6、8棱，纵裂，初期绿色，成熟后黑褐色，具短柔毛。种子多数，卵形，两侧扁平，黑色、白色或淡黄色。

⑥ 花期5~9月，果期7~9月。

主要产地：我国各地均有栽培。

入药部位：种子。

采收加工：8~9月果实呈黄黑时采收，割取全株，捆扎成小把，顶端向上，晒干，打下种子，去除杂质后再晒。

◆ **精选验方**：

① 头发枯脱、早年白发：黑芝麻、何首乌各200克，共研细末，每日早、晚各服15克。

② 治肝肾不足、视物不清、须发早白：黑芝麻（炒）、霜桑叶（去梗筋）各等份，共研细末，加蜜炼制为丸，每丸9克，每次1丸，每日2次，淡盐汤或白开水送服。

③ 治肝肾阴虚型老年耳聋：黑芝麻30克，炒香，研为细末，再将鲜牛奶200毫升倒入锅中，倒入黑芝麻末，加白糖10克，稍煮至沸，每日随早餐服食。

④ 令白发返黑：黑芝麻、白茯苓、甘菊花各等量，炼蜜为丸，如梧桐子大，每服9克，清晨白汤下。

◆ **养生药膳**：

⊙ 黑芝麻枣粥

原料：粳米500克，黑芝麻、红枣各50克，糖适量。

制法：黑芝麻炒香，碾成粉。锅内水烧热后，将粳米、黑芝麻粉、红枣同入锅，先用大火烧沸后，再改用小火熬煮成粥。食用时加糖调味即可。

用法：早餐食用。

功效：补益肝肾，滋阴养血。

适用：须发早白、乌发等。

⊙ 黑芝麻椹糊

原料：黑芝麻、桑椹各60克，大米30克，白糖10克。

制法：将大米、黑芝麻、桑椹分别洗净，同放入石钵中捣烂，砂锅内放清水3碗，煮沸后放入白糖，再将捣烂的米浆缓缓调入，煮成糊状即可。

功效：补肝肾，润五脏，祛风湿，清虚火。

适用：常服可治病后虚羸、须发早白、虚风眩晕等症。

⊙ **黑芝麻酒**

原料：黑芝麻280克，黄酒2000毫升。

制法：将黑芝麻除去杂质，淘洗干净，微炒香，置瓷器内捣烂成泥，再将黄酒倒入坛内，同药泥搅匀，密封坛口，置阴凉处，每日摇晃2次，经10日后即成。

用法：每日2次，每次15～20毫升。

功效：补肝肾，润五脏。

适用：肝肾精血不足所致的眩晕、须发早白、腰膝酸软、步履艰难、肠燥便秘等。

§ 木香

别　　名：云木香、广木香

性　　味：味辛，性温，无毒。

用量用法：3～6克，水煎服。

主　　治：阳痿不举，早泄遗精，宫冷不孕，小腹冷痛，小便频数不禁。

使用宜忌：阴虚津液不足者慎服。

《药类法象》：除肺中滞气。《药品化义》：木香，香能通气，和合五脏，为调诸气要药。《本草经百种录》：木香以气胜，故其功皆在乎气。《本草经集注》：疗毒肿，消恶气。

◆ 原植物

生长于拔海较高的山地。云南、四川等省有栽培。

菊科植物云木香。

① 多年生高大草本，高达1米左右。

② 主根粗壮，圆柱形，稍木质，外皮褐色，有稀疏侧根。茎有细纵棱，疏被短刺状毛，或近于无毛。

③ 基生叶具长柄，叶片三角状卵形或长三角形，长30～100厘米，宽15～30厘米，基部下延直达叶柄基部，成不规则分裂的翅状，叶缘呈不规则浅裂或波状，疏生短刺，上面深绿色，被短毛，下面淡绿，带褐色，被短毛。茎有细纵棱，被短柔毛，茎上叶有短柄或无柄抱茎。

④ 头状花序2～3个簇生茎顶，几无总梗，腋生者单一并有短或极长的总梗；总苞片约10层；三角状披针形或长披针形，长9～25毫米，外层较短，先端长锐尖如刺，疏被微柔毛；花全为管状花，暗紫色，花冠管长1.5厘米，先端5裂。雄蕊5个，花药联合，上端稍分离，有5尖齿；子房下位，花柱伸出花冠之外，柱头2裂；花托有长硬毛。

⑤ 瘦果条形，有棱，上端生一轮黄色直立的羽状冠毛，果熟时多脱落。

⑥ 花期夏、秋二季。

主要产地：云南、四川等省有栽培。

入药部位：根。

采收加工：10月至次年1月间采挖，除去残茎，洗净，晒干（不宜久烘），密封放置阴凉干燥处保存。

◆ 精选验方

①一切气不和：木香适量，温水磨浓，热酒调下。

②宿食腹胀、快气宽中：木香、牵牛子（炒）、槟榔等份，为末，滴水丸如桐子大，每服30丸，食后生姜、萝卜汤下。

◆ 养生药膳

⊙ 香砂藕粉

原料：木香2克，砂仁3克，藕粉30克，糖适量。

制法：先将砂仁、木香研粉，和藕粉用温水调糊，再用滚开水冲熟，入糖调匀即可。

用法：做早餐食用。

功效：理气开胃，和中止呕。

适用：食气相结，或气郁所致之呕吐。

§ 沉香

别　　名：	蜜香、沉水香、没香、速香、木蜜。
性　　味：	辛，苦，微温。归脾、胃、肾经。
用量用法：	2～5克，水煎服，后下；研末，0.5～1克；或磨汁服。
主　　治：	体臭，口臭，面黑憔悴。
使用宜忌：	阴亏火旺、气虚下陷者慎服。

《日华子本草》：调中，去邪气。治冷风麻痹、心腹痛、气痢。《珍珠囊》：补肾，又能去恶气，调中。《医林纂要》：泻心、降逆气，凡一切不调之气皆能调之。

◆ 原植物

生长于中海拔山地、丘陵墓地，有栽培。瑞香科植物白木香。

① 为常绿乔木，高达15米，小枝被柔毛，芽密被长柔毛。

② 单叶互生，革质，叶片卵形或倒卵形至长圆形，长5～10厘米，宽2～4厘米，先端渐尖，基部楔形，全缘，两面被疏毛，后渐脱落。

③ 花梗长4～12厘米，花被钟状，5裂，黄绿色，被柔毛。

④ 蒴果，倒卵形，扁平。种子卵形，有附属体。

⑤ 花期4～5月，果期7～8月。

主要产地：	主产于广东、广西、福建。
入药部位：	含树脂的木材。
采收加工：	全年均可采收，割取含树脂的木材，除去不含树脂的部分，阴干。

◆ 精选验方

① 治阴虚肾气不归原：沉香适量，磨汁数分，以麦门冬、怀熟地各9克，茯苓、山药、山茱萸肉各6克，牡丹皮、泽泻、广陈皮各3克，水煎，和沉香汁服。

② 治脾肾久虚，水饮停积，上乘肺经，咳嗽短气，腹胁胀，小便不利：沉香3克，乌药9克，茯苓、陈皮、泽泻、香附子各15克，麝香1.5克，上为细末，炼蜜和丸如梧子大，每服二、三十丸，熟水下。

◆ 养生药膳

⊙ 熟地枸杞沉香酒

原料：沉香12克，熟地黄、枸杞子各120克，白酒2000毫升。

制法：将上药加工捣碎，放入酒坛，倒入白酒，密封坛口，置于阴凉处，经常摇动，浸泡10日后过滤去渣即成。

用法：每日3次，每次10～15毫升。

功效：补益肝肾。

适用：肝肾阴虚所致脱发、白发、健忘、不孕等。

⊙ 十香丸

原料：沉香、麝香、零陵香、白芷、白檀香、秦暮香、甘松香、藿香、细辛、川芎、槟榔、豆蔻各30克，香附子15克，丁香10克。

制法：研为末，炼蜜为香丸如梧子大。

用法：洗面，早、晚各一次。

功效：令人身体百处皆香。

第十三章 润肠通便中草药妙用

§ 大黄

性　　味： 味苦，性寒，无毒。

用量用法： 3～30克，水煎服；用于泻下不宜久煎。外用：适量，研末调敷患处。

主　　治： 实热便秘，热结胸痞，湿热泻痢，黄疸，淋病，水肿腹满，小便不利，目赤，咽喉肿痛，口舌生疮，胃热呕吐，吐血，咯血，衄血，便血，尿血，蓄血，经闭，产后瘀滞腹痛，癥瘕积聚，跌打损伤，热毒痈疡，丹毒，烫伤。

使用宜忌： 凡表证未罢、血虚气弱、脾胃虚寒、无实热、积滞、瘀结以及胎前、产后，均应慎服。

别　　名： 将军、黄良、火参、肤如、蜀大黄、牛舌大黄、锦纹、生军、川军。

《日华子本草》：敷一切疮疖痈毒。《神农本草经》：下瘀血，血闭寒热。破癥瘕积聚，留饮宿食，荡涤肠胃。

◆ **原植物：**

生长于山地林缘或草坡，野生或栽培。

蓼科植物掌叶大黄、唐古特大黄或药用大黄。

① 茎直立，高2米左右，中空，光滑无毛。

② 基生叶大，有粗壮的肉质长柄，约与叶片等长；叶片宽心形或近圆形，径达40厘米以上，3～7掌状深裂，每裂片常再羽状分裂，上面疏生乳头状小突起，下面有柔毛；茎生叶较小，有短柄；托叶鞘筒状，密生短柔毛。

③ 花序大圆锥状，顶生；花梗纤细，中下部有关节。花紫红色或带红紫色；花被片6,长约1.5毫米，成2轮；雄蕊9；花柱3。

④ 瘦果有3棱，沿棱生翅，顶端微凹陷，基部近心形，暗褐色。

⑤ 花期6~7月，果期7~8月。

主要产地：分布于陕西、甘肃东南部、青海、四川西部、云南西北部及西藏东部。

入药部位：根茎。

采收加工：9~10月间选择生长3年以上的植株，挖取根茎，切除茎叶、支根，刮去粗皮及顶芽，风干、烘干或切片晒干。

◆ **精选验方：**

① 治大便秘结：大黄60克，牵牛子末15克，上为细末，每服9克，有厥冷，用酒调9克，无厥冷而手足烦热者，蜜汤调下，食后微利为度。

② 治冻疮皮肤破烂，痛不可忍：川大黄适量，为末，新汲水调，搽冻破疮上。

◆ **养生药膳：**

⊙ 大黄粥

原料：大黄10克，大米100克。

制法：将大黄择净，放入锅中，加清水适量，浸泡5~10分钟后，水煎取汁备用。将大米淘净，加清水适量煮粥，待熟时，调入大黄药汁，再煮一、二沸即成，或将大黄2~3克研为细末，调入粥中服食亦可。

用法：每日1剂。

功效：泻下通便，清热解毒。

适用：降脂减肥瘦身。

⊙ 清火祛痘汤

原料：大黄、芒硝、当归、桃仁、五灵脂各9克，水牛角粉、桂枝、海金沙各6克，栀子12克，甘草3克，白糖30克。

制法：以上药物洗净，和粉类药材同放砂锅内；水牛角粉另待用。锅内加入水适量，置大火上烧沸，再用小火煎煮25分钟，停火，过滤，去渣，留汁液，加入水牛角粉、白糖即成。

用法：每日1次，单独食用。

功效：清热解毒，散结消肿。

适用：青春痘、痤疮。

桃仁

别　　名：	扁桃仁、大桃仁。
性　　味：	味苦、甘，性平，无毒。
用量用法：	5～9克，水煎服；或入丸散。外用：适量，捣敷。
主　　治：	酒渣鼻，粉刺，疣，荨麻疹，季节性皮肤病，斑秃，皲裂，胸肋部挫伤，风湿性心脏病，血热燥痒，便秘。
使用宜忌：	不宜食不成熟的桃子，否则易腹胀或生疮；忌食烂桃。桃子忌与甲鱼同食。

《名医别录》：悦泽人面。《珍珠囊》：治血结、血秘、血燥，通润大便，破蓄血。

◆ **原植物：**

生长于海拔800～1200米的山坡、山谷沟底或荒野疏林及灌丛内。全国各地普遍栽培。

蔷薇科植物桃。

① 落叶小乔木，高达3～8米；小枝绿色或杂有红褐色，无毛。

② 叶互生，簇生长于短枝上，具柄，叶柄长1～2厘米，通常有1到数枚腺体；叶片椭圆状披针形至倒卵状披针形，边缘具细锯齿，两面均无毛。

③ 花单生，先与叶开放，径2.5～3.5厘米，具短梗；萼片5，基部合生成短萼筒，无毛，具腺点；花瓣5，倒卵形，粉红色，罕为白色；雄蕊多数，子房1室。花柱细长，柱头小，圆头状。

④ 核果近球形，直径5～7厘米，表面具短绒毛；果肉白色或黄色；离核或粘核；具种子1枚，扁卵状心形。

⑤ 花期3～4月，果期6～7月。

主要产地：	全国各地普遍栽培。
入药部位：	种子。
采收加工：	果实成熟时采摘。

◆ **精选验方：**

① 肠燥便秘：大黄、当归、羌活各25克，桃仁50克，麻子仁60克，研为细末，炼蜜为丸，如梧桐子大，每服50丸，用温水送服即可。

② 使皮肤光润：将桃仁适量，用粳米饭及浆水研之令细，以浆水捣取汁，微温，洗面时用。

◆ **养生药膳：**

⊙ 桃仁红枣粥

原料：粳米100克，核桃6克，枣（干）10克，白砂糖5克。

制法：桃仁洗净，去皮、尖。红枣洗净，去核。粳米淘洗干净，用冷水浸泡半小时，捞出，沥干水分。粳米、桃仁同放锅内，加入约1000毫升冷水，置旺火上烧沸，加入红枣，改用小火煮45分钟，调入白糖拌匀，即可盛起食用。

功效：补血养颜，益智，润肠。

⊙ 桃仁酒

原料：桃仁100克，白酒15毫升。

制法：将上药捣碎，纳砂钵中细研，入少许白酒，绞取汁，再研再绞，使桃仁尽即止；一并纳入小瓮中，置于签内，以重汤煮，着色黄如稀汤即可。

用法：口服。每次服、20～30毫升，每日2次。

功效：活血润肤、悦颜色。

适用：皮肤粗糙、老化等。

§ 苦杏仁

别　　名：
杏仁、杏子、木落子、苦杏仁、杏梅仁。
性　　味：
味甘、苦，性温，有小毒。
用量用法：
内服：煎汤，1.5～3钱；或入丸、散。外用：捣敷。
主　　治：
诸疮肿痛，咽喉痹痛，咳嗽，肺病咯血，粉刺，瘢痕，黧黑，疣目。
使用宜忌：
阴虚咳嗽及大便溏泄者忌服。

《珍珠囊药性赋》：除肺热，治上焦风燥，利胸膈气逆，润大肠气秘。《本草纲目》：杀虫，治诸疮疥，消肿，去头面诸风气皶疱。

◆ 原植物：

野生或栽培。

蔷薇科植物杏。

① 落叶乔木，高 4～9 米；树皮暗红棕色，幼枝光滑，具不整齐纵裂纹。

② 叶互生，具柄，叶柄长 2.5～4.5 厘米，带红色，具 2 腺体；叶片卵圆形，长 5～9 厘米，宽 7～8 厘米，顶端急尖，基部圆形或近心形，边缘具细锯齿，主脉基部被白色柔毛。

③ 花先于叶开放，单花生长于小枝端；花梗短或几无梗；花萼 5 裂，裂片三角状椭圆形，基部合生成筒状；花瓣 5，白色或粉红色，阔圆形，长宽近相等；多数雄蕊着生长于萼筒边缘，不等长；雌蕊 1，子房 1 室，花柱光滑，仅基部具淡黄色柔毛，柱头头状。

④ 核果黄红色，卵圆心形，略扁，侧面具一浅凹槽，径 3～4 厘米，微被绒毛；核光滑无毛，坚硬，扁心形，具沟状边缘；种子 1 枚，心脏卵形，红色。

⑤ 花期 3～4 月，果期 4～6 月。

主要产地：分布于黑龙江、辽宁、吉林、内蒙古、河北、河南、山东、江苏、山西、陕西、甘肃、宁夏、新疆、四川、贵州等地。

入药部位：种子。

采收加工：夏季果实成熟时采摘，除去果肉及核壳，取种仁，晾干。置阴凉干燥处，防虫蛀。

◆ 精选验方：

① 治久病大肠燥结不利：苦杏仁 400 克，桃仁、蒌仁（去壳净）各 300 克，川贝母 240 克，陈胆星 120 克（经三制者），神曲 120 克。苦杏仁、桃仁、蒌仁（去壳净）俱用汤泡去皮，三味总捣如泥；川贝母、陈胆星同贝母研极细，拌入杏、桃、蒌三仁内，神曲研末，打糊为丸如梧子大，每早服 15 克，淡姜汤下。

② 暴下水泻及积痢：杏仁粒（汤浸去皮尖）、巴豆各 20 粒（去膜油令尽），上件研细，蒸枣肉为丸如芥子大，朱砂为衣，每服一丸，食前。

③ 鼻中生疮：杏仁适量，捣杏仁乳外敷；或核烧，压取油外敷。

◆ 养生药膳：

⊙ 苦杏仁粥

原料：粳米 100 克，苦杏仁 10 克，冰糖 15 克。

制法：将苦杏仁用温水浸泡后，搓去外皮，去除杏仁尖；苦杏仁放入蒜臼内舂碎，再加入适量冷水，磨成浆备用；粳米淘洗干净，用冷水浸泡半小时，捞出，沥干水分；锅中加入约1000毫升冷水，放入粳米、苦杏仁浆；煮于米烂熟烂时，加入冰糖调匀，再略煮片刻，即可盛起食用。

功效：降气止咳平喘，润肠通便，润肤防裂，美白肌肤，祛风除皱。

适用：肠燥便秘。

⊙ **杏仁茶**

原料：杏仁粉250克，鸡蛋2只，牛奶半瓷碗，冰糖。

制法：备一干净的瓷碗，倒入半瓷碗杏仁粉，用牛奶将之和稀。另取一空碗，把2只鸡蛋打成蛋液，加入一点点油，轻轻搅拌出泡泡，备用。烧开一锅水，倒入适量冰糖煮成冰糖水。把已和稀的杏仁水缓缓倒入锅里，与冰糖水一并搅拌成糊状。在杏仁茶将近快熟的时候，缓缓倒入一些凉水，待杏仁茶重新烧开后，关火之前倒入已经调好的鸡蛋液，搅拌均匀。把煮好的杏仁茶倒入瓷碗里，喝前撒上些许黑芝麻。

功效：润肠通便，润肤防裂，美白肌肤，祛风除皱，美容养颜。

适用：肠燥便秘。

§ 瓜蒌

别　　名：	瓜蒌、天瓜、野苦瓜、山金鸵、吊瓜。
性　　味：	味苦，性寒，无毒。
用量用法：	9～15克。
主　　治：	痰热咳嗽，胸痹，结胸，肺痿咳血，消渴，黄疸，便秘，痈肿初起。
使用宜忌：	脾胃虚寒，大便不实，有寒痰、湿痰者不宜。

《本草纲目》：润肺燥，降火。治咳嗽，涤痰结，利咽喉，止消渴，利大肠，消痈肿疮毒。

◆ 原植物：

生长于山坡草丛、林缘溪旁及路边。各地常有栽培。

葫芦科植物瓜蒌。

① 多年生草质藤本，长达10米。块根粗长柱状，肥厚，稍扭曲，外皮灰黄色，断面白色，肉质，富含淀粉。茎多分枝，有浅纵沟。

② 单叶互生，具粗壮长柄；卷须腋生，常有2~3分枝；叶形多变，通常近心形，不裂或掌状3~9浅裂至中裂，裂片常再浅裂或有齿，基部心形，凹入甚深，幼叶被毛，渐脱落，老叶下面具糙点。

③ 白色花，雌雄异株，雄花数朵生长于总梗先端，雌花单生，花梗甚长，果时可达11厘米，花萼5裂，裂片条形至条状披针形，花冠管细长，上部5裂，裂片倒三角形，先端细裂呈流苏状，雄花有3雄蕊，花药聚药，成熟时分开，雌花子房下位。

④ 瓠果广椭圆形或近球形，长约10厘米，橙黄色。种子多数，瓜子状，卵形，长约1.5厘米，棕色。

⑤ 花期夏季。

主要产地：分布于华北、西北、华东和辽宁、河南和湖北等地。

入药部位：果实。

采收加工：霜降至立冬果实成熟，果皮表面开始有白粉并为淡黄色时，即可采收。连果柄剪下，将果柄编结成串，先堆积屋内2~3日，再挂于阴凉通风处晾干（2个月左右），然后剪去果柄，用软纸逐个包裹，以保持色泽。防止撞伤破裂，否则易生虫发霉。

◆ 精选验方：

① 风疮疥癣：生瓜蒌一、二个，打碎、酒泡一日夜，取酒热饮。

② 天泡湿疮：天花粉、滑石等份为末，水调搽涂。

③ 润面除皱：瓜蒌瓤90克，杏仁30克，猪胰1具，同研如膏，每夜涂面。

◆ 养生药膳：

⊙ 瓜蒌饼

原料：瓜蒌200克，面粉600克，白糖75克，清水适量。

制法：瓜蒌去籽，放在锅内，加水少许，加白糖，以小火煨熬，拌成馅。另取面粉，加水适量经发酵加面碱，揉成面片，把瓜蒌夹在面片中制成面饼，烙熟或蒸熟。

用法：佐餐或随意服用。

功效：润肺化痰，散结宽胸。

适用：肺癌胸痛。

⊙ 瓜蒌姜汁丸

原料：瓜蒌仁30克，文蛤2克，姜汁适量。

制法：先将瓜蒌仁、文蛤共研为末，再用姜汁调成小丸如弹子大，噙口中咽汁液。

功效：和中宁心，美容除疮。

适用：凡因痰热上扰于心胸而引起的胸膈满闷，烦燥不得安卧者，均可畏噙此丸。

§ 芦荟

别　　名：
卢会、讷会、象胆、奴会、劳伟。

性　　味：
味苦，性寒，无毒。

用量用法：
内服：入丸、散，或研末入胶囊，0.6～1.5克；不入汤剂。外用：适量，研末敷。

主　　治：
便秘，癫痫，脾疳，湿癣，粉刺，癣疮，皮肤皲裂，虫牙，痔瘘胀痛。

使用宜忌：
凡脾胃虚寒作泻及不思食者禁用。

《生草药性备急》：凉血止痛。治内伤，洗痔疮如神，敷疮疖，去油腻。

◆ 原植物：

原产于非洲北部地区，目前于南美洲的西印度群岛广泛栽培；我国亦有栽培。百合科植物库拉索芦荟。

① 多年生矮小草本。

② 叶簇生长于茎顶，直立或近于直立；

叶片肥厚多汁，狭披针形，长15～36厘米，宽2～6厘米，先端长渐尖，基部宽阔，粉绿色，边缘具刺状小齿。

③ 总状花序疏散下垂，长约2.5厘米，黄色或带红色斑点；花茎单生或稍分枝，高60～90厘米；花被管状，6裂，裂片稍外弯；雄蕊6，花药丁字着生；雌蕊1，3室，每室具胚珠多数。

④ 蒴果，三角形，室背开裂。

⑤ 花期7～8月。

主要产地：各地均有。

入药部位：叶干燥品。

采收加工：全年可采。割取叶片，收集其流出的液汁，置锅内熬成稠膏，倾入容器，冷却凝固。

◆ 精选验方：

① 大便不通：臭芦荟（研细）3.5克，朱砂（研如飞面）25克，加好酒和丸，每酒吞15克。

② 虫牙：芦荟适量，研末敷上。

③ 小儿脾疳：芦荟、使君子各等份，为细末，米饮调下5～10克。

④ 湿癣：芦荟50克、炙甘草25克，共研为末，先以温浆，水洗癣，擦干后，外敷药末。

◆ 养生药膳：

⊙ 芦荟解毒汤

原料：芦荟、瘦肉各200克，海带40克，生地黄30克，盐少许。

制法：瘦肉切片后用热水汆烫，海带洗净泡软，芦荟切小方片备用。将1000毫升的水注入锅中煮开后，放入所有材料（盐除外），用小火炖煮1小时，起锅前再加少许盐调味即可。

功效：清热解毒，滋阴活血。

适用：通便，去火，祛痘。

⊙ 芒果芦荟汁

原料：芒果1个，芦荟2～3叶。

制法：芒果洗净，去皮去核；芦荟洗净，用刀从中间剖开，用汤匙挖取透明的芦荟肉，约取30克。与芒果一起放入果汁机，加冷开水100毫升，拌匀即可。

用法：趁鲜饮用。

功效：润肠通便，去体内油脂，使皮肤变好并消除皮肤的黑色素堆积，让皮肤光滑白嫩。

适用：便秘。

第十四章 安神助眠中草药妙用

§ 酸枣仁

别　　名：
山枣仁、酸枣实、生枣仁、炒枣仁。

性　　味：
味酸，性平，无毒。

用量用法：
6～15克，水煎服；研末，每次3～5克；或入丸、散。

主　　治：
虚烦不眠，惊悸多梦，自汗盗汗，津亏口渴及老年性失眠、虚烦失眠、心悸怔忡。

使用宜忌：
凡有实邪郁火及患有滑泄症者慎服。

《本草汇言》：敛气安神，荣筋养髓，和胃运脾。《本草再新》：平肝理气，润肺养阴，温中利湿，敛气止汗，益志，聪耳明目。《名医别录》：主烦心不得眠、脐上下痛、血转久泄、汗烦渴，补中，益肝气，坚筋骨，助阴气，令人肥健。

◆ 原植物

生长于阳坡或干燥瘠土处，常形成灌木丛。

鼠李科植物酸枣。

① 落叶灌木或小乔木，枝上有两种刺：一为针状直形，长1～2厘米；一为向下反曲，长约5毫米。

② 单叶互生，叶片椭圆形至卵状披针形，托叶细长，针状。

③ 花黄绿色，2～3朵簇生于叶腋，花梗极短。

④ 核果近球形，先端尖，具果柄，熟时暗红色。

主要产地： 分布于河北、河南、山西、山东、辽宁、内蒙、陕西等地。

入药部位： 种子。

采收加工： 栽后7～8年9～10月果实呈红色时，摘下浸泡1夜，搓去果肉，捞出，碾破核壳，淘取酸枣仁，晒干。

◆ **精选验方**

①心虚不得眠：酸枣仁30克，茯神12克，炙甘草3克，人参9克，橘皮、生姜各6克。加水600毫升，煎至120毫升，滤渣取汁。每日1剂，分3次服用。

②气虚自汗：酸枣仁、党参各15克，黄芪30克，白术12克，五味子9克，大枣4枚，水煎，分3次服。

③胆气不足所致惊悸、恐惧、虚烦不寐：酸枣仁、川贝母、知母各9克，茯苓15克，甘草6克，水煎服，每日1剂。

④心气亏虚，神志不安者：酸枣仁、朱砂、人参、乳香各适量，共研细末，炼蜜为丸服，每次9克，每日2～3次。

◆ **养生药膳**

⊙ 酸枣仁粥

原料： 酸枣仁30克，粳米50克。

制法： 先将酸枣仁捣碎，煮汁去渣，用汁煮米成粥即可。

用法： 可供晚餐温热服食。有火郁或滑泄者慎服。

功效： 养心安神。

适用： 虚烦不眠、惊悸多梦、自汗盗汗、津亏口渴、老年性失眠等。

⊙ 酸枣仁茶

原料： 酸枣仁9克，白糖适量。

制法： 将酸枣仁拍碎，开水冲沏，加糖调味，即可。

用法： 每日1剂，不拘时代茶频饮。

功效： 养心安神。

适用： 虚烦失眠、心悸怔忡等。

灵芝

别　　名： 潮红灵芝、赤芝、菌灵芝、木灵芝。

性　　味： 味苦，性平，无毒。

用量用法： 3～15克，水煎服。研末吞服，每次1.5～3克。

主　　治： 失眠，神经衰弱，早衰，消化不良，高血压，心脏病，高脂血。

使用宜忌： 实证慎服。

《本经》：胸中结，益心气，补中，增智慧，不忘。久食，轻身不老，延年神仙。

◆ 原植物：

均腐生长于栎及其他阔叶树的根部或枯干上。

多孔菌科植物灵芝。

① 腐生真菌，子实体伞状，菌盖坚硬木质，肾形或半圆形，由黄色渐变为红褐色，表面光泽如漆，有环状棱纹和辐射状皱纹；菌肉近白色至淡褐色；菌盖下面白色，后变为浅褐色，有细密管状孔洞，内生担子器及担孢子。

② 菌柄侧生，罕偏生，紫褐色，坚硬，亦有漆状光泽。

③ 单孢子褐色，卵形，很小。

主要产地： 吉林、河北、山西、陕西、山东、安徽、江苏、浙江、江西、福建、广西、广东（海南）、四川、贵州、云南、西藏等省区均有分布。

入药部位： 子实体。

采收加工： 全年可采，阴干或晒干。

◆ 精选验方：

① 神经衰弱、心悸头晕、夜寐不宁：灵芝1.5～3克，水煎服，每日2次。

② 乌发黑发：白芷、旋覆花、秦艽各2000克，桂心30厘米，捣筛，以井水每服3克，每日3次。

◆ **养生药膳：**

⊙ 灵芝大枣汤

原料：灵芝20克，大枣（干）50克。

制法：把灵芝、大枣分别洗净，放进锅内，倒入适量清水，放在火上烧开用文火煎煮，取煎液2次，合并后加入蜂蜜煮沸即成。

功效：养血安神，益精悦颜。

适用：失眠、神经衰弱、补虚养身等。

⊙ 灵芝米酒

原料：灵芝100克，好米酒1000毫升。

制法：灵芝切块，浸泡于酒内封盖，7日后饮用。

用法：每日早、晚各1次，每次饮服1~2小杯。

功效：助眠，益智。

适用：失眠、健忘等。

§ 莲子

别　　名：	莲蓬子、藕实。
性　　味：	味甘、涩，性平。
用量用法：	6~15克，水煎服。或入丸、散，外用：适量研末。
主　　治：	食欲不振，脾胃虚寒，胃寒呕吐，虚寒性胃痛，乳汁自出，反胃，心悸，小便白浊，遗泄精。
使用宜忌：	大便宜燥结者不宜服。

《本草拾遗》：令发黑，不老。《日华子本草》：益气，止渴，助心，止痢。治腰痛，泄精。

◆ **原植物：**

生长于水泽、池塘、湖泊中。

睡莲科植物莲。

① 多年生水生草本。

② 根状茎横走，肥大而多节，白色，中有孔洞，俗称"莲藕"。

③ 节上生叶，高出水面，叶柄着生长于叶背中央，圆柱形，长而多刺。叶片大，圆形，全缘或稍呈波状，粉绿色。

④ 大花，单生长于花梗顶端，复瓣，红色、粉红色或白色，有芳香；雄蕊多数，心皮多数，埋藏于膨大的花托内，子房椭圆形。

⑤ 花后结"莲蓬"，倒锥形，顶部平，有小孔20～30个，每个小孔内有果实1枚。种子称"莲子"。

⑥ 花期6～7月，果期9～10月。

> **主要产地：** 我国南北各省区均有栽培。
> **入药部位：** 种子。
> **采收加工：** 秋季果实成熟时采割莲房，取出果实，除去果皮，干燥。

◆ **精选验方：**

① 目暗耳鸣，面色黧黑：新莲肉（去心皮）120克，白龙骨（醋煮）30克，甘草0.3克，车前子汁100毫升，入面少许，煮面糊，丸如绿豆人，每服30～50丸，盐汤酒下。

② 心虚所致的心悸：莲子肉、五味子各9克，百合12克，龙眼肉15克，煎取药汁，口服，每日1剂。

◆ **养生药膳：**

⊙ **莲实粥**

原料： 嫩莲实30克，粳米100克。

制法： 将嫩莲实发涨后，在水中用刷擦去仁皮，抽去莲心，冲洗干净后，放入锅内，加入清水，置火上煮至（左火右巴）烂，备用。将粳米淘洗干净，放入锅中，加清水煮成稀粥，倒入莲实，搅匀即成。

功效： 补脾止泻，益肾涩精，养心安神，驻颜轻身。

⊙ **莲子美白粥**

原料： 莲子10克、芡实10克、薏仁20克、粳米60克、蜂蜜适量。

制法： 用开水泡开莲子，另用清水浸泡芡实、薏仁30分钟备用。将所有材料加入粳米以及适量的水，熬煮成粥。起锅前加入蜂蜜调味即可。

功效： 补元气，补脾养胃，还可除皱纹，美白肌肤。

百合

别名： 野百合、喇叭筒、山百合、药百合、家百合。

性味： 味甘，性平，无毒。

用量用法： 6～12克，水煎服；或为煎剂或煮粥及伴蜜蒸食。

主治： 肺痨久嗽，咳唾痰血，慢性气管炎，精神恍惚，失眠多梦，妇女更年期综合征。

使用宜忌： 脾肾虚寒便溏者忌用。

第十四章 安神助眠中草药妙用

《别录》：除浮肿胪胀，痞满寒热，通身疼痛，及乳难喉痹，止涕泪。安心定胆益志，养五脏，治颠邪狂叫惊悸，产后血狂运，杀蛊毒气，胁痈乳痈发背诸疮肿（大明）。

◆ **原植物：**

生长于山坡草地、林边及湿润肥沃土壤上。

百合科植物百合。

① 多年生草本，高 70～150 厘米。

② 鳞茎球形，淡白色，其暴露部分带紫色，先端鳞叶常开放如荷花状，长 3.5～5 厘米，直径 3～5 厘米，下面生多数须根。茎圆柱形，直立，不分枝，光滑无毛，常带褐紫色斑点。

③ 叶互生，无柄，披针形至椭圆状披针形，长 5～15 厘米，宽 1.5～2 厘米，先端渐尖，基部渐窄，全缘或微波状，平行脉 5 条。

④ 花大，极香，单生长于茎顶，少有 1 朵以上者；花梗长 3～10 厘米；花被漏斗状，白色而背带褐色，裂片 6，向外张开或稍反卷，长 13～20 厘米，宽 2.5～3.5 厘米，先端尖，基部渐窄；雄蕊 6，花丝细长；子房上位，花柱细长，柱头 3 裂。

⑤ 蒴果有多数种子；种子扁平，围以三角形翅。

⑥ 花期5～7月，果期8～10月。

主要产地： 分布于东北、西北及山东、河北等地。

入药部位： 肉质鳞叶。

采收加工： 秋季采挖，洗净，剥取鳞叶，置沸水中略烫，干燥。

◆ 精选验方：

① 神经衰弱、心烦失眠：百合25克，菖蒲6克，酸枣仁12克，水煎，每日1剂。

② 天疱疮：生百合适量，捣烂，敷于患处，每日1～2次。

③ 风盛血燥型接触性皮炎：百合、山楂、沙参各9克，水煎服，代茶饮。

◆ 养生药膳：

⊙ **百合粉粥**

原料： 鲜百合60克，粳米60克，冰糖适量。

制法： 百合晒干后研粉，用百合粉30克同冰糖、粳米煮粥即可。

用法： 早餐食用。

功效： 润肺止咳，养心安神。

适用： 慢性气管炎、肺热或肺燥干咳、涕泪过多、热病恢复期余热未消、精神恍惚、坐卧不安、妇女更年期综合征。

⊙ **玫瑰百合美容汤**

原料： 百合180克，莲子36颗左右，玫瑰花12朵，枸杞子10克，大枣5颗，蜂蜜30毫升，水250毫升。

制法： 红枣用吸管去核，然后从中横切两半；莲子去掉莲心后，浸泡水中一个小时；百合切去根蒂，去掉杂质，洗净，沥干水分；枸杞子清洗干净，用水泡发。煲里放入莲子和水，烧开后转小火炖煮15分钟，然后放入红枣继续烧煮5分钟，再放入百合和枸杞烧煮3分钟，最后放入玫瑰花后关火焖5分钟，盛入碗中，待稍凉后倒入蜂蜜拌匀即可。

功效： 滋补美容。